新农村人居环境质量综合评估与环境监管技术

朱　琳　张卫东　芮菡艺　鞠昌华　孙勤芳　朱沁园　朱洪标　著

U0251608

中国环境出版集团·北京

图书在版编目（CIP）数据

新农村人居环境质量综合评估与环境监管技术/朱琳
等著. —北京：中国环境出版集团，2022.5
ISBN 978-7-5111-5155-1

Ⅰ.①新… Ⅱ.①朱… Ⅲ.①农村—居住环境—
环境质量评价—研究—中国②农村—居住环境—环境监
测—研究—中国 Ⅳ.①X21

中国版本图书馆 CIP 数据核字（2022）第 083910 号

出 版 人　武德凯
责任编辑　葛　莉
文字加工　解亚鑫
责任校对　任　丽
封面设计　宋　瑞

出版发行　中国环境出版集团
　　　　　（100062　北京市东城区广渠门内大街 16 号）
　　　　　网　　　址：http://www.cesp.com.cn
　　　　　电子邮箱：bjgl@cesp.com.cn
　　　　　联系电话：010-67112765（编辑管理部）
　　　　　发行热线：010-67125803，010-67113405（传真）
印　　刷　北京建宏印刷有限公司
经　　销　各地新华书店
版　　次　2022 年 5 月第 1 版
印　　次　2022 年 5 月第 1 次印刷
开　　本　787×1092　1/16
印　　张　11.5
字　　数　230 千字
定　　价　50.00 元

前　言

我国的农村经历了几个不同时期的发展历程。从早期的自给自足、与周围相对封闭的传统形态，到 20 世纪 50 年代计划经济时期，以人民公社为代表的农村，为我国工业化原始积累提供主要来源。20 世纪 70 年代末，农村率先改革，破除"大锅饭"，实行农村家庭联产承包责任制，极大地解放了生产力，但受城乡二元结构体制影响，农村发展远落后于城市。再到 21 世纪初，随着我国已总体迈进以工促农、以城带乡发展的新阶段，为加强城乡统筹、发挥城市对乡村的带动作用，党的十六届五中全会提出了建设社会主义新农村的重大战略任务。新时期，国家强调要切实解决农村居民权益、农村治理和农业可持续发展问题。

改善农村人居环境是以习近平同志为核心的党中央从战略和全局高度做出的重大决策，是社会主义新农村建设和生态文明建设的重要内容，也是实施乡村振兴战略的一项重要任务。目前，我国农村人居环境总体水平仍然较低，与全面建成小康社会的要求和农民群众的期盼还有较大差距，这仍然是我国经济社会发展的突出短板。为进一步改善农村人居环境，先后出台了《关于改善农村人居环境的指导意见》（国办发〔2014〕25 号）、《农村人居环境整治三年行动方案》（中办发〔2018〕5 号），明确指出有关部门要适时开展检查、评估和督导，确保整治工作健康有序推进。

目前，我国还没有针对农村地区人居环境质量的评估和考核方法，如何实现新农村人居环境质量的日常监管与考核，如何评价新农村人居环境建设的成效，必须从管理的角度研究并形成一套科学合理、功能完善、操作简便的综合评估指标体系和技术方法。通过指标评价，才能找出当地农村人居环境的薄弱环节及存在的问题和不足，明确工作的重点、难点，为政府部门的决策提供量化依据；才能对新农村人居环境建设的各项工作进行动态跟踪与评估，科学度量人居环境建设的进展程度，以实现项目的科学管理。同时，新农村人居环境的持续改善，不仅需要加大对村庄整治和基础设施的投入，还需要通过建立有效的环境监管技术体系，创新监管手段，提高环境监管效能，以保障农村社会、经济与环境可持续发展。因此，原环境保护部设立了环境保护公益性行业科研专项项目"新农村人居环境质量综合评估与环境监管技术研究"（201309037）。

该项目于 2013 年 1 月正式启动，在为期 3 年多的研究过程中，项目组面向新农村环境管理工作的需求，以改善新农村人居环境、提升农民生活质量为目标，在调研我国农村人居环境现状的基础上，总结了与农村环境质量评估相关的指标体系和主要方法，建立了针对新农村人居环境特点的指标体系和评估方法，具有简单、实用、可操作性的特点。环境监管方面，在调研了不同类型农村地区环境监管现状和需求的基础上，识别出新农村人居环境监管的关键点和重点领域，构建了监管技术体系，并提出配套制度，为改善新农村人居环境质量提供技术支撑。

本书是在环境保护公益性行业科研专项项目"新农村人居环境质量综合评估与环境监管技术研究"成果基础上编写而成的。全书共包括 9 章。第 1 章，绪论，介绍研究背景、国内外研究进展、研究内容及研究方法，由孙勤芳、朱琳、鞠昌华编写；第 2 章，农村人居环境研究相关理论，阐述研究的主要理论依据，由朱琳、芮菡艺编写；第 3 章，新农村人居环境现状调研，通过文献综述及典型区域实地调研，分析了我国新农村人居环境质量状况、环境监管现状及需求，由朱洪标、鞠昌华编写；第 4 章，新农村人居环境质量综合评估指标体系的建立，探讨了指标体系构建原则、框架设计及各指标的获取方法，由孙勤芳、朱琳、张卫东、芮菡艺、朱沁园、鞠昌华编写；第 5 章，新农村人居环境质量综合评估技术方法，在比较分析现有评估方法的基础上，提出了以县域（乡镇）为单元的新农村人居环境质量综合评估方法，由孙勤芳、朱琳、张卫东、芮菡艺、朱沁园、鞠昌华编写；第 6 章，新农村人居环境监管技术研究，针对新农村人居环境监管的现状、关键点和重点领域，提出新农村人居环境监管技术体系及监管技术方法，由朱琳、鞠昌华、朱洪标编写；第 7 章，新农村人居环境监管技术配套制度，探讨了监管技术配套制度，包括考核制度和公众参与制度，由朱琳、鞠昌华、朱洪标编写；第 8 章，新农村人居环境质量综合评估及监管技术应用示范研究，在典型区开展综合评估及监管技术应用示范研究，验证其合理性和可行性，由朱琳、朱洪标编写；第 9 章，结论与建议，从新农村人居环境质量综合评估和环境监管技术两方面总结研究成果并提出建议，由赵克强、孙勤芳、朱琳、芮菡艺编写。

本项目在实施和编写整理过程中，得到了原环境保护部科技标准司和有关地方生态环境部门的大力支持，也得到了专家顾问团队的悉心指导，在此向他们表示最诚挚的谢意！同时，本书在编写时虽已尽最大的努力，但疏漏和错误在所难免，诚挚期望广大读者批评指正。

目　录

第1章 绪 论

改善农村人居环境是以习近平同志为核心的党中央从战略和全局高度做出的重大决策，是社会主义新农村建设和生态文明建设的重要内容，也是实施乡村振兴战略的一项重要任务，具有重要的现实意义和长远的历史意义。如何准确掌握各地农村人居环境质量的实际情况，有效开展监管工作，不仅成为一个重要的科学问题，更是一个亟待解决的关键性管理问题。本书以新农村人居环境质量评估与环境监管为主题，通过建立针对新农村特点的指标体系和评估方法，识别新农村人居环境监管的关键点和重点领域，构建监管技术体系，并提出配套制度，为改善新农村人居环境质量提供技术支撑。

本章首先介绍开展新农村人居环境质量综合评估与环境监管技术研究的时代背景，然后界定了相关基本概念、总结了国内外研究进展，最后对本研究所采用的研究内容与方法进行了介绍。

1.1 时代背景

1.1.1 开展新农村人居环境质量评估是新农村建设与生态文明建设的现实需求

长期以来，我国农村基础设施建设水平明显落后于经济和城镇化发展水平，与农村社会经济迅速发展的势头相比，农村人居生态环境质量并没有随着经济发展水平的提高而同步改善，相反，部分地区呈现出整体恶化的趋势[1][2][3]。

党的十六届五中全会提出了建设社会主义新农村的重大战略任务，并明确了"生产发展、生活宽裕、乡风文明、村容整洁、管理民主"二十字建设方针。社会主义新农村建设是一个包含政治、经济、文化、科技、教育、卫生、社会保障、生态环境、人民生活等多个方面的系统工程，是贯穿现代化建设的长期任务。党的十七届三中全会提出的社会主义新农村建设基本目标中明确指出，到2020年，"资源节约型、环境友好型农业生产体系基本形成，农村人居和生态环境明显改善，可持续发展能力不断增强。"

党的十八大将生态文明建设纳入中国特色社会主义"五位一体"的总体布局,明确提出要"把生态文明建设放在突出位置,融入经济建设、政治建设、文化建设、社会建设各方面和全过程,努力建设美丽中国,实现中华民族永续发展",确定了建设生态文明的战略任务。农村生态文明建设是生态文明建设的重要内容。改善农村人居环境是落实生态文明建设的重要举措,是建设美丽中国的具体行动。

2013 年,党的十八届三中全会发布了《中共中央关于全面深化改革若干重大问题的决定》[4](以下简称《决定》),"山水林田湖"是一个生命共同体,《决定》提出了需要对其进行统一、协调、有序的保护与管理。农村环境作为生命共同体的最大组成部分,对其保护和恢复工作在统筹"山水林田湖"生态保护和恢复工程中占有基础地位。

党的十九大提出实施乡村振兴战略[5],并写入党章,这在我国"三农"发展进程中具有划时代的里程碑意义。2018 年中央一号文件《中共中央 国务院关于实施乡村振兴战略的意见》[6],着力强调持续改善农村人居环境。同年 2 月中共中央办公厅、国务院办公厅共同印发了《农村人居环境整治三年行动方案》[7],以 3 年为期,实现农村人居环境明显改善,村庄环境基本干净、整洁、有序,村民环境与健康意识普遍增强。同年 9 月,《乡村振兴战略规划(2018—2020 年)》更是把建设生态宜居的美丽乡村、持续改善农村人居环境作为重要篇章。

因此,为推动农村环境保护和恢复工作健康有序地发展,必须对新农村人居环境质量进行综合评估,并开展动态监管。

1.1.2 开展新农村人居环境质量评估是新农村人居环境综合整治工作的需要

中国有 6 亿多的农村人口,且农村幅员辽阔,不同地区自然地理和社会经济方面差异较大,农村人居环境质量状况以及监管能力也存在差异[8],新农村人居环境质量综合评估是改善农村人居环境的一项基础性工作,只有准确掌握各地农村人居环境质量的实际情况,了解不同地区人居环境建设的差异和特征,才能因地制宜,对症下药。但前期人居环境研究主要着眼于城市区域,农村人居环境未受到足够重视,尚未有专门针对农村地区环境质量的年度评估和考核方法。2011 年,环境保护部下发了一系列文件,包括《国家环境保护"十二五"科技发展规划》(环发〔2011〕63 号)、《关于进一步加强农村环境保护工作的意见》(环发〔2011〕29 号)等,以及环境保护部、国家发展改革委、财政部联合印发的《国家环境监管能力建设"十二五"规划》等,明确要求将农村环境质量评估作为一项重要任务,并在 2014 年全国环境保护工作会议上将其列为重点工作加以推进。2018 年 2 月,中共中央办公厅、国务院办公厅出台的《农村人居环境整治三年行动方案》,明确了农村人居环境整治总体目标、重点任务、实施步骤、政策支撑、保障措施等内容,强调"中央有关部门要适时开展检查、评估和督导,确保整治工作健康有序推进"。

如何准确掌握新农村人居环境质量现状,如何评价新农村人居环境建设的成效,亟须从管理的角度出发,研究并形成一套功能完善、科学合理、操作简便的综合评估指标体系和技术方法。通过指标体系中各项指标值的客观评价,找出当地农村人居环境的薄弱环节及存在的问题,明确工作的重点、难点,为政府部门的决策提供量化依据;同时,根据指标体系对新农村人居环境建设的各项工作进行动态跟踪与评估,科学度量人居环境建设的进展程度,有利于人居环境建设项目的科学管理,有效推动新农村人居环境综合整治工作。

1.1.3 开展新农村人居环境质量评估是建立新农村环境管理体系与监管技术体系的需要

从 1973 年第一次全国环境保护会议至今,我国建立了具有中国特色的环境管理制度体系,包括法律、法规、行政制度等,这些环境监管措施大多是针对城市环境、工业点源污染防治制定的,而在我国特有的城乡二元结构体制下,城市与农村发展程度差别很大,农村地区的人口分布、社会结构、经营形式等具有多样性、自立性、开放性等明显不同于城市的特殊属性。因此,将现有的环境监管体系运用到农村,必然会出现监管手段针对性不足、有效性明显失衡的问题。

尽管国家相关部门已经认识到我国农村环境问题的特殊性和农村环境保护工作的重要性,并出台了一系列农村环境保护政策、规范和条例,但这只是对现有环境管理体系的特定补充,尚没有形成有效的农村环境管理体系,不能从根本上弥补现有环境管理制度的缺陷。

因此,在新农村建设过程中,新农村人居环境的持续改善不仅需要加大对村庄整治和基础设施的投入,还需要通过建立有效的新农村环境管理体系与监管技术体系,创新监管手段,提高监管效能,保障农村社会、经济与环境的可持续发展。

1.2 基本概念

1.2.1 新农村

农村,从古文释义上看,农:[说文解字] 耕也,种也。[汉书・食货志] 辟土植谷曰农。炎帝教民稼穑,故号神农氏,谓神其农业也。又万山氏有子曰农,能植百谷,后世因名耕畎为农。村:[增修互注礼部韵略]聚落也。从古文释义中理解农村最初的概念为：以耕种为主要生产活动内容的自然聚落，由农业生产活动区——耕作区（农田）和生活活动区——居住区（聚落）两个部分构成。目前在中国没有"农村"这一指标的统计口径，一般认为农村是与城市相对应的一种地域概念，狭义上常用来指位于乡下的村庄聚落，广义上常指非城市的广大区域[9]。

中国的农村经历了传统的农村、计划经济时代的农村、改革开放后的农村以及新时期的农村等几个发展历程。早期传统的农村自给自足，相对封闭；到 20 世纪 50 年代，计划经济时期的农村，以人民公社为代表，为我国工业化原始积累提供主要来源；20 世纪 70 年代末，农村率先改革，破除"大锅饭"，实行农村家庭联产承包责任制，极大解放了生产力。但受城乡二元结构体制影响，农村发展远落后于城市。新农村建设是我国农村发展建设的新阶段[10]。"新农村"一词最早在中华人民共和国成立后中国共产党安排部署国民经济发展计划中曾提到过。随着中国特色社会主义事业的顺利推进，城市、工业高速发展，我们党对农村社会经济发展有了更高的认识，对农村建设发展所处历史阶段的判断更加客观，2004 年年底，时任中共中央总书记胡锦涛同志在召开的中央经济工作会议上提出，我国已经到了以工业促进农业、以城市带动农村发展的阶段，为新农村建设提供了重要的现实依据。党的十六届五中全会明确指出，建设社会主义新农村是我国现代化进程中的重大历史任务，要扎实稳步地加以推进[11][12]。

新农村建设的积极开展，对改善居民生产、生活条件，转变居民生活方式具有重要意义，实质上可以认为是重构农村人居环境。本研究中的 "新农村"指在新农村建设背景下的农村地区，为广义上的农村，"新"字主要体现在城乡统筹、城乡联动，注重发挥城市对乡村的带动作用。

1.2.2　新农村人居环境

希腊学者道萨迪亚斯最早在《人类聚居学》一书中提出了"人居环境"（human settlement）一词，并给出了一个广义的定义，即"人居环境是人类为自身做出的地域安排，是人类活动的结果，其主要目的是满足人类生存的需求"[13]。国内吴良镛院士在《人居环境科学导论》中提出："人居环境，顾名思义，是人类聚居生活的地方，是与人类生存活动密切相关的地表空间，它是人类在大自然中赖以生存的基地，是人类利用自然、改造自然的主要场所。"[14]

我国学术界广泛认同的人居环境研究，是针对人与环境的相互关系，把人类聚居作为一个整体，从各个方面全面、系统、综合地加以研究，但对农村人居环境内涵还未形成统一的定论，学者们从不同学科和研究视角对农村人居环境进行了阐述。刘滨谊等[15]提出聚居背景、聚居活动和聚居建设相辅相成，共同构成人类聚居环境的总体架构，人类聚居环境的大背景是自然环境、农林环境和生活环境，其内在表现是人类的聚集和居住活动，其外在的集中表现形式是建筑、城市、景观等。赵培芳等[16]从物质和非物质角度出发，认为农村人居环境是农村居民在生产生活中所形成的物质环境和非物质环境的综合体，既包括农村住房、公共基础设施等有形环境，也涵盖农村文化服务、教育医疗等无形环境。李伯华等[17]从内涵出发，将农村人居环境内涵分解为人文环境、地域空间环境和自然生态环境，三者之间遵循一定的逻辑关联，共同构成农村人居环境。唐铭等[18]从农村居民行为活动角度出发，将农村人居环境定义为人类在乡村这样一个大的地理系统背景下，进行着居住、耕作、交通、文化、教育、卫生、娱乐等相关活动，在利用自然、改造自然的过程中所创造的环境。

立足已有的研究成果，笔者认为农村环境是以农村居民点为中心的乡村区域范围内各种天然的和经过人工改造的，包括以土地资源为重点的各类自然因素的综合体，是对农村生态、环境、社会等各方面的综合反映。总体来看，农村环境可划分为农村人居环境和农业生产环境。其中，农业生产环境侧重于人类的生产环境，其重点关注的是生态环境的恶化、不合理的农业生产方式对农业可持续发展带来的影响；而在农村人居环境领域，更关注农村经济社会的发展给农村居民生活带来的直接或潜在的影响。

1.2.3　新农村人居环境质量评估

环境质量一般是指在一个具体的环境内，环境的总体或环境的某些要素对人群的生存和繁衍以及社会经济发展的适宜程度，是根据人类具体需求而形成的对环境评定的一种概念[19]。环境质量的优劣是根据人类的某种要求而定的。

环境质量评估是对环境的优劣进行定量描述，即按照一定的评估标准和评估方法对一定区域范围内的环境质量进行说明、评定和预测，其目的在于提高人们对人居环境质量变化的辨识能力，确保人居环境质量保持在人类生存和发展所必需的范围内，进而在调整人类社会行为的情况下朝着更加有利于人类社会需要的方向发展。新农村人居环境质量综合评估是依据一定的评估标准和评估方法对农村地区人居环境质量的一种整体性描述，结合农村生态系统特点，体现人与环境相互作用的关系，综合地、系统地反映农村人居环境质量。

1.2.4　新农村人居环境监管技术

所谓监管，是指对运行中的事物进行监督和管理，使其不偏离既定的目标和轨道。环境监管是指为保护环境所采取的一系列的监督管理措施，包括监管法律法规、监管体制机制和监管技术手段等内容，通过对危害环境行为的规制实现保护环境的目的。

本研究中新农村人居环境监管技术是指对有可能危害新农村人居环境质量的行为进行监督管理的方法和手段。

1.3 国内外相关研究综述

1.3.1 联合国人居署的研究

联合国于 1978 年成立人类住区（生境）中心（简称人居中心），专门负责在联合国系统内部协调人居发展活动。联合国人居中心与各国政府、地方政府以及社会组织等密切合作，指导国际人居环境事业的发展，推动全球人居环境事业的有序发展。2002 年联合国人居中心升级为联合国人类住区规划署（简称联合国人居署），以促进社会和环境可持续的人居环境发展，以达到为所有人提供合适居所的目标为宗旨。

自 1986 年起，每年十月的第一个星期一定为"世界人居日"（World Habitat Day），每年确定一个世界人居日主题[20]（表 1-1），主题深刻反映出世界人居环境发展趋势：研究人居环境的地域范围在不断扩大，从住房到邻里、社区再到城市，范围不断扩展；主题从住房问题到交通问题、安全问题再到环境问题，说明研究的问题不断复杂化；强调以人为本的思想，各年的主题中，以人的需求为根本出发点，维护居民的住房、交通、公共资源等权利，保障人的健康；体现公平原则，从"人人共有的城市""妇女参与城市管理"到"来自贫民窟的声音"体现了当前人居环境建设重视弱势群体，强调解决实际问题；研究模式由原来的各自为政向跨区合作、区域协同发展转变。

表 1-1　1986—2018 年世界人居日主题

年份	主　题
1986	住房是我的权利
1987	为无家可归者提供住房
1988	住房与社区
1989	住房、健康和家庭
1990	住房与城市化
1991	住房与居住环境
1992	住房与可持续发展
1993	妇女与住房发展
1994	住房与家庭
1995	我们的社区
1996	城市化、公民资格和人类团结

年份	主　题
1997	未来的城市
1998	更安全的城市
1999	人人共有的城市
2000	妇女参与城市管理
2001	没有贫民窟的城市
2002	城市与城市的合作
2003	城市供水与卫生
2004	城市——农村发展的动力
2005	千年发展目标与城市
2006	城市——希望之乡
2007	安全的城市、公正的城市
2008	和谐城市
2009	我们城市的未来规划
2010	城市，让生活更美好
2011	城市与气候变化
2012	改变城市，创造机会
2013	城市交通
2014	来自贫民窟的声音
2015	公共空间，服务人人
2016	以住房为中心
2017	可以负担的住房
2018	城市固体废物管理

针对农村区域，联合国人居中心在 1996 年的《伊斯坦布尔宣言》中明确提出了可持续的人居环境发展观，强调努力实现城市、城镇和乡村不同层次人居环境的可持续发展。2004 年世界人居日的主题是"城市——农村发展的动力"，着重强调了城市与农村互动发展的重要性。

1.3.2　农村人居环境研究进展

1.3.2.1　国外

国外对农村地区人居环境的研究主要经历了"乡村地理学研究—农村发展研究—农村转型研究"三个阶段[21]。

（1）乡村地理学研究阶段

在城市化初期，城乡差别并不明显，对农村的研究起源于乡村地理学，聚焦农村聚落与地理环境特征的认识和归纳,主要研究内容有传统乡村区位、乡村功能、乡村生活、村落形态等。如杜能提出古典农业区位理论,分析生产区位与消费区位的空间距离关系,同心圆圈层式的乡村结构;Mayhew 系统分析了不同时期的古乡村聚落形态和土地利用[23]。

（2）农村发展研究阶段

20 世纪 50 年代以来,欧美主要国家已基本实现了人口城市化,但在快速城市化过程中城乡矛盾、乡村边缘化等问题显现,一些学者将研究视角从城市转向农村,进入农村发展研究阶段。研究方向为:从城乡关系研究城市化对农村的影响和振兴农村的路径选择;地理学、经济学、社会学、生态学进一步被用于探索农村人居环境的构建,其中乡村贫困、乡村交通设施、乡村住房和城乡差距等问题是关注的热点[21]。此外,国外学者将研究视角延伸到非洲、亚洲等的发展中国家,提出农村工业化带动农村发展的课题,从不同角度探索农村工业化对农村发展的作用、影响 [24]以及政策制度变迁对农村发展的作用[27][28]。

（3）农村转型研究阶段

20 世纪 90 年代,西方国家普遍面临着后城市化阶段的农村转型,城市化快速发展和城市、郊区、农村聚落巨变,居住场所和建筑用地的需求持续增长,居住用地进一步向郊区拓展导致的郊区农村巨变等问题。不同地区城市及农村人居环境状况差异明显,部分条件较好的发达地区已实现经济结构的调整:农村各项建设完善,农村聚落、农村文化与城市已无较大差别;但仍有不少偏远地区农村经济落后、交通不便,生态环境脆弱,人居环境建设严重滞后。学界积极探索农村转型相关对策,强调发展循环经济、生态环境保护和创造农村就业的重要性[29]。欧洲共同农业政策（common agriculture policy,CAP）强调国土整理和环境保护,主张退耕还林、修复生态环境。

国外完全以"农村人居环境"为专题的研究成果不多,主流观点是将农村纳入城市发展,依靠城乡的联动实现农村人居环境优化。欧盟通过的《欧洲空间发展展望》,强调城乡合作和功能整合,实现乡村转型,发展新能源和生态农业,倡导耕地利用的多样性,对自然和文化景观实行保护性开发,打破传统农村空间的封闭性,向开放性和公平性的农村空间发展。联合国的《21 世纪议程》关注农村人居环境建设研究,并结合城市发展理论提出有关农村人居环境发展的相关理论。

1.3.2.2 国内

国内对农村人居环境研究起步相对较晚,吴良镛科学地规范了人居环境研究的框架,将人居环境纳入开放复杂的系统中进行研究,学者们从建筑学、地理学、社会学等角度在理论和实践上积极探索农村人居环境，主要包括农村聚落、农村环境、社会主义新农村建设等方面。

在农村聚落研究方面，早期多见于乡村聚落地理和乡村地理，如金其铭的《农村聚落地理》[30]、陈兴中等的《中国乡村地理》[31]，注重对聚落的区域研究、类型研究、体系研究和综合研究。随着城市化的快速推进，农村聚落的演变路径和重构得到关注，主要集中在空间结构及演变机制的研究[32]。如汤国安[33]综合运用空间分析方法对陕北榆林地区农村聚落的空间分布规律和区位特征进行探讨，揭示农村聚落的密度以及聚合、离散、规模、结构等空间分布特征与自然社会及经济发展水平密切相关，由于缺乏一定规模的中心城市，再加上榆林地区城镇化水平仍然很低，有将近一半的农村聚落居住环境仍然较为恶劣，居民生活水平较低。王楠等[34]对曲周县 1973—2016 年农村聚落演变及驱动机制开展研究，发现近年来农村聚落面积上升、人均面积下降、零散农村聚落增多，提出耕地、城镇、河流、道路在空间上对农村聚落演变具有驱动作用。闵婕[35]构建了农村聚落空间格局与功能的动态演变、机理等研究框架，实证分析了三峡库区农村聚落空间演变模式，提出万州区农村聚落功能正逐渐从居住生活功能为主向多样化转变，空间分异明显。薛东前等以渭北旱塬黄陵县为例，对 2000—2015 年乡村聚落的时空分布特征及影响因素进行研究，针对不同类型的农村居民点提出重构的思路[36]。农村地区人居环境的新变化引发学者关注，农村聚落空心化[37][38]、古村落保护[39][40]、乡镇规划[41][42]等成为研究的热点。

在农村环境研究方面，农村环境问题得到重点关注，主要包括两方面，一方面是通过实地考察和调查分析，探寻农村各方面环境受到影响的最主要原因，如黄季焜等[43]在全国范围内对村级环境污染现状进行抽样调查，共调查了 5 省 101 个村，实证分析农村环境污染的基本现状及环境恶化的主要因素。苏杨等[44]分析了农村现代化进程中出现的环境污染问题。潘斌[45]从自组织演化和他组织演化的角度建立新经济与人居环境演化关系的解释框架。另一方面翁伯奇、华永新、吴汉红等学者研究如何建立符合农村实际情况的农村生态经济系统，将农户的生产、生活、经济效益和环境保护紧密结合，最大化地利用农村已有环境[46-48]。总体来说，单一的对农村自然环境的研究正转向政治、经济、文化等方面的综合研究，研究领域不断拓宽，但关于农村环境的微观研究仍较薄弱，特别是从农户空间行为的微观视角研究农村环境变迁，还有待深入。

在社会主义新农村建设方面，就如何改善农村人居环境，学者们从基础设施建设到政策机制开展了广泛研究。梁祝等[49]提出改善农村人居环境必须加强农村生活污水的收集、处理和资源化设施建设，归纳分析了国内外适合处理农村分散生活污水的技术及特点，并提出加快农村生活污水处理的政策途径。仇保兴[50]分析村庄整治对人居环境改善具有重要意义，提出必须通过做到五个"先行"来确定方针政策，并同步建立五种长效机制。周筱芳[51]总结了农村人居环境存在的问题,提出改善农村人居环境的途径是依靠农民和政府。胡伟等[52]提出新农村建设是一个系统工程,运用系统优化的思维,以县或乡镇为基本地域单元,提出了一套包括安全格局子系统优化、村镇规划、社会经济子系统优化、基础设施子系统优化、环境卫生子系统优化、公共服务设施子系统优化6个方面的农村人居环境优化系统。

1.3.3 人居环境质量评估研究

人居环境质量评估作为人居环境研究的一个重要内容,一直是学者们关注的热点问题。世界卫生组织(World Health Organization,WHO)在1961年提出了健康人居环境的基本理念,包括人居的"安全性"(safety)、"保健性"(healthy)、"便利性"(convenience)和"舒适性"(comfort)4个方面,其中安全性是首要理念[53]。英国"经济学人智库"(Economist Intelligent Unit,EIU)针对全球140个城市编制"宜居"指数,评估指标体系包括安全指数(4项)、医疗服务指数(6项)、文化与环境指数(17项)、教育指数(3项),每年发布世界宜居城市报告。大温哥华地区从保护绿色区域、建设完整社区、紧凑大都市区和增加交通机会4个方面制定了《宜居区域战略规划》[54]。

对可持续发展和生活质量的关注是人居环境质量评估的重要方面,Mcgranahan G.等[55]分析了全球低海拔海岸带的人口和城市聚落模式,评估了低海拔沿海地区气候变化对人居环境的风险。Allen T.F.[56]探讨了宜居性和可持续性之间的关系,指出可持续发展是宜居的必要因素,但不是决定因素。Robert Gillingham等[57]以生活质量指数为基础构建了综合生活成本指数。Ash Amin[58]认为宜居城市应具备4R条件,即"修复"(repair)、"关系"(relatedness)、"公正"(rights)和"魅力再现"(re-enchantment),4R构成了城市生活质量的必备条件。Halyna M等[59]选取物质、社会和心理需求满意度指标,对欧洲开展居住和工作环境舒适度的实证研究。

在我国,早在1980年,朱锡金对居住环境的构成和质量评估这个新课题就进行了探讨。40多年来,诸多学者对人居环境评估进行了深入研究,在指标选取、评估方法等方面取得了一系列成果。

指标体系构建上,学者们积极探索实践,从不同视角丰富着指标体系的构成。李王鸣等[60]从对城市人居环境概念的剖析入手,制订了由近接居住环境、社区环境和城市环境构成的评估指标体系。李雪铭等[61]从城市居住水平、城市建设水平和城市发展水平出发建立了城市人居环境可持续发展评估指标体系及评估模型,并对大连市城市人居环境可持续发展进行评估分析。魏忠庆[62]建立了社会经济环境、自然生态环境、公共设施建设、环境资源保护和环境管理能力5个方面为一体的城市人居环境质量评估体系。李娜

[63]建立了由自然生态环境、人工建设环境和经济社会环境组成的兰州市城市人居环境可持续发展评估指标体系。针对农村区域,杨悦[64]构建了由自然环境、空间环境、设施环境和人文环境 4 部分组成的传统村落人居环境系统,评估湘西传统村落人居环境现状及问题。周侃等[65]从经济发展、基础设施配套、公共服务设施配套、生态支撑和社会协调 5 个方面构建了包含 25 个指标的人居环境质量综合评估指标体系,对新农村建设以来京郊农村人居环境特征和影响因素展开分析。杨兴柱等[66]运用因子分析法、熵值法和典型相关分析方法,从基础设施、公共服务设施、能源消费结构、居住条件、环境卫生 5 个方面构建皖南旅游区乡村人居环境质量差异评估指标体系。

评估方法上,早期对人居环境的评估主要集中在对人居环境某些方面的定性描述,但由于研究者个人的偏见,往往不能客观反映人居环境的真实情况,随着研究的推进,人居环境评估方法和数据不断发展丰富,除层次分析法、问卷调查、专家咨询法、综合指数法等,许多研究将地理信息系统(geographic information system,GIS)和遥感信息技术等引入人居环境的评估中来,评估方法日臻完善。如郝慧梅等[67]运用 GIS 技术,采用综合指数法,综合气象、地形、植被覆盖指数、人口等数据,分析陕西省人居环境自然适宜程度空间格局,剖析各区的适宜性和限制性因子。杨雪等[68]以京津冀地区为例,基于人居环境自然要素指数(地形起伏度、气候指数、水文指数和植被指数)和人文要素指数(夜间灯光指数、空气质量指数和交通通达指数)构建了人居环境质量综合指数,分析了 2010 年京津冀地区空间分异规律,并探讨了人口分布与人居环境质量的相关性。

1.3.4　人居环境监管研究

在多数欧美发达国家,环保部门是农村环境的统一管理机构,负责制定农村环境标准,开展环境立法,执法和环境监测,发布环境信息等[69]。多数国家建立了覆盖全国的农村环境监测体系,对环境执法能力建设十分重视,如美国国家环保局是一个独立的执法机构,拥有自己的执法队伍,具有一定的调查取证和处罚权,负责制定门类齐全、可操作性强的农村环保法规。同时,许多国家及联盟制定门类齐全、操作性强的农村环保法规,如美国实施开展农村清洁水实施计划,欧盟颁布的《水框架指令》等。

我国农村环境保护工作始于改革开放以后,在 20 世纪 80 年代,农业部成立农业环境保护科研监测所,创办《农业环境保护》杂志,在行政管理方面,农业部下设环保能源司,负责全国的农村环境保护与农村能源建设,全国各省(区、市)农业厅成立了农业环保站,作为各省(区、市)农村环保事业的行政主管和业务指导单位,开展了包括乡镇企业污染调查、农业土壤环境背景值调查、污水灌区环境质量状况调查、农产品污染状况调查、生态农业试点县建设等一系列全国性工作。1998 年中央进行机构改革,农业农村环保工作的领导和监管职能划归国家环境保护总局，农业部环保能源司撤销，只在科技教育司设生态处。2000 年以后国家环境保护总局开始系统考虑农村环保问题，由国家环境保护总局牵头，开展生态试验区、生态村、生态乡镇、生态县、生态市的创建工作，并制定颁布了一系列的创建标准，之后结合《国家农村小康环保行动计划》开展了"全国环境优美乡镇"的创建工作，2006 年编制的《国家环境保护"十一五"规划》首次将农村环境保护列为重点领域[70]。2012 年环境保护部出台的《关于全国生态和农村环境监察工作的指导意见》，明确了生态和农村环境监察的重大意义、重点领域、工作内容和保障措施，规范并指导全国生态和农村环境监察工作，通过加大生态和农村环境监察工作力度，为生态文明建设保驾护航。

我国学者多从农村环境监管存在的问题和对策措施方面开展研究讨论。如鞠昌华等[71]对我国农村环境监管问题进行探析，提出尝试从构建农村环境监管组织体系、完善农村环境监管技术规范和构建监察技术体系着手，推动农村环境监管。张厚美[72]认为基层环保机构队伍建设仍相当滞后，环保能力难于应对实际需求，主要表现为三对矛盾：其一，人手少与任务重的矛盾，即基层环保工作任务、强度不断加大，而环境执法人员的比例却很低；其二，人员素质低与环保工作要求高的矛盾；其三，环保投入不足与环境问题突出的矛盾，即环保预算额度小，保障能力弱，而基层环保基础设施建设落后，综合利用水平低。朱国华[73]、蒋和清[74]从政府职责角度出发，开展对农村环境污染监管政府法律责任的探讨。杨远超[75]通过分析我国现行农村环境监管法律制度存在的缺陷，提出农村环境监管法律制度建设。

1.3.5　文献述评

人居环境质量评估方面，从评估思路到指标体系构成都反映出国内外学者多把人居环境作为一个复合系统，学者们从多角度、多种空间尺度、多种技术方法开展了广泛的探索，这也使人居环境的研究具有多维性和多样性的特点。国内外研究都重视可持续发展理念的应用，国内文献多从居住、环境、基础设施、公共服务等角度开展评估研究，国外更多关注社会平等、居住条件等，侧重点有所不同，但都突出以人为本的重点。

现有研究成果对环境管理工作提供了有益的借鉴，但仍存在以下不足。

（1）已有研究多根据实际需要，结合各研究区域特点开展，没有建立完整、统一的评估指标体系、权重和评估标准，方法的适用性不一，已发布实施的技术方法中至今尚没有专门针对新农村人居环境质量综合评估的，农村人居环境监管研究基础仍然薄弱。

（2）评估和监管是确保农村环境整治工作健康有序推进的重要保障，是实现乡村振兴的重要环节，目前少有研究能综合统筹农村人居环境质量评估和监管两方面内容。

第 2 章　农村人居环境研究相关理论

农村人居环境是一个复杂的系统，是由人与环境构成的有机整体，不仅包含了维持人类生活生产必需的住房及各种生活设施，而且包含了自然环境、人类社会活动构成的网络体系。这一特点决定了它必须借助相关学科的理论支持。本章阐述了可持续发展理论、人居环境科学理论、人地关系理论的发展历程、科学内涵，总结已有的研究经验，为相关研究的开展做好铺垫。

2.1　可持续发展理论

2.1.1　可持续发展理论的提出与发展

可持续发展理论的形成经历了漫长的历史过程。20 世纪 50—60 年代，人们在经济增长、城市化、人口爆炸、资源过度开采等形成的环境压力下，开始对"增长=发展"的模式产生怀疑，并展开了探讨。1962 年，美国海洋生物学家蕾切尔·卡逊的《寂静的春天》一书正式出版，该书绘制了一幅由农药污染造成的可怕景象，惊呼人们将会失去"阳光明媚的春天"，并引发轰动，人类开始认识到环境污染造成的危害是长期的、严重的[76-78]。

1972 年，美国著名学者巴巴拉·沃德（Barbara Ward）和雷内·杜博（Rene Dubos）的《只有一个地球》出版，"只有一个地球"也是当年联合国人类环境会议的口号，把对人类生存与环境的认识推向一个新境界。同年，罗马俱乐部发表了著名的研究报告《增长的极限》，明确提出"持续增长"和"均衡发展"的概念[79]。1987 年，世界环境与发展委员会发表了报告《我们共同的未来》，明确提出"可持续发展"概念，并以此为主题对人类共同关心的环境与发展问题进行了全面论述，受到世界各国政府、组织和舆论的极大重视。在 1992 年联合国环境与发展大会上，"可持续发展"方针获得了与会者的共识[80]。可持续发展的基本理论主要包括费利（Walter Firey）的资源利用理论、萨德勒（Saddler）的系统透视理论及杜思（Dorcey）的系统关系理论等[81]。

2.1.2 可持续发展的定义与内涵

在《我们共同的未来》的报告中，可持续发展定义为："既满足当代人的需求，又不损害后代人满足其需求的能力的发展"。

可持续发展强调社会、经济和环境的协调发展，追求人与自然、人与社会之间的一致性，即经济最大化与良好社会效益的前提是环境资源的合理利用及保护。其蕴含的核心思想包括以下几点[82]：

（1）可持续发展鼓励经济增长，不仅重视增长数量，而且追求改善质量、提高效益、节约能源、减少废物，改变传统的生产和消费模式，实施清洁生产和文明消费。

（2）可持续发展以保护自然为基础，与资源和环境的承载能力相协调。在发展的同时必须保护环境，控制环境污染，改善环境质量，保护生命支持系统，保护生物多样性，保持地球生态的完整性，保证以持续的方式使用可再生资源，使人类的发展保持在地球承载能力之内。

（3）可持续发展要以改善和提高人民生活质量为目的，与社会进步相适应。可持续发展的内涵包括改善人类生活质量，提高人类健康水平，创造一个保障人们享有平等、自由、教育、人权和免受暴力的社会环境。

（4）可持续发展要求体现环境资源的价值。这种价值不仅体现在环境对经济系统的支撑和服务上，也体现在环境对生命支持系统的存在价值上。应当把生产中环境资源的投入和服务计入生产成本和产品价值中，并逐步修改和完善国民经济核算体系。

2.1.3 新农村人居环境研究的出发点和归宿

可持续发展是人类社会发展的新模式，是人和自然关系协调发展的规范，其实质是要协调好人口、资源、环境和发展的关系，为后代奠定可持续发展的基础。人居环境研究归根结底是协调人类居住与人口、自然、社会和资源环境之间的关系，最终目标就是联合国第二届人类住区会议提出的要建立可持续的人类居住区，使人类享受与大自然和谐的、健康的、安全的生活。可见，促进经济社会与生态环境的可持续发展是新农村人居环境质量综合评估与环境监管的出发点和最终归宿。

因此，可持续发展理论为农村人居环境质量综合评估与环境监管工作提供重要理论支撑。开展农村人居环境质量综合评估与环境监管，改善农村人居环境，也是实施可持续发展战略的重要途径。

2.2 人居环境科学理论

2.2.1 人居环境科学理论的提出与发展

根据研究问题的出发点、主要研究内容,国外人居环境思想发展主要分为三个阶段:16 世纪至"二战"前、"二战"后至 20 世纪 80 年代、20 世纪 80 年代至今[83]。

最早在 16 世纪,欧洲"乌托邦"的相关著作中已勾画出理想的人居环境蓝图。19世纪末,城市化脚步过快导致城市中出现较不乐观的卫生状况和较高的人口密度,一系列人居环境问题随之出现,引发人们对居住环境的深切关注。19 世纪末到"二战"前,这一阶段人居环境学尚未被作为正式学术术语提出,但以人的需求和以人为出发点的价值观开始深入人心,相关理论不断被提出,为人居环境学的研究奠定了良好的基础。1898 年,霍华德(Ebenezer Howard)发表了《明日:一条通向真正改革的和平道路》,他认为应建设"田园城市"来改善城市质量,把田野乡村作为有利的自然要素和绿色因子融入城市之中,把城市和乡村的优点结合起来,在整体层面上探讨城乡一体化的空间结构关系。1915年,格迪斯(Patrick Geddes)则从一个生物学家的立场来研究城市生态问题,强调把自然地区作为城市规划的基本框架和背景。芒福德(Lewis Mumford)继承和发扬了格迪斯的理论,提倡城市和乡村是一回事,城市、乡村及其所依赖的地区都是城乡规划密不可分的部分,提倡要"创造性地利用景观,使城市环境变得自然而适于居住"。这一阶段的理论都强调处理好城市与自然要素之间的相互关系,重视城市物质空间的组合关系。

"二战"后,西方城市面临战后重建的问题,空间规划在人类行为、环境方面的缺陷开始显露。1968 年,希腊学者道萨迪亚斯(C.A. Doxiadis)在《人类聚居学》一书中提出"人居环境"(human settlement)一词,标志着人居环境科学的创立。他从单纯的建筑与城市问题中跳出来,将整个人类的聚居环境作为一个整体来考察,研究包括城市、城镇和乡村等不同层次、不同维度的人类聚居环境问题,强调对人类居住环境的综合研究,即人类聚居学要从自然、人、社会、建筑物和联系网络这 5 个要素的相互作用关系中研究人居环境。1976 年,联合国在加拿大温哥华召开第一届人类住区会议,并在内罗毕成立"联合国人居中心"。这一阶段,世界性学术活动蓬勃发展,人们从理论和实践中都不断认识到人居环境必须包括健康的自然生态和人文生态,理论研究得到长足发展。

20 世纪 80 年代后,人居环境的改善上升为全球性的奋斗纲领,"可持续"成为关注重点。从 1980 年联合国大会向全世界发出呼吁到 1987 年题为《我们共同的未来》的报告,都明确地反映出可持续发展成为人居环境的发展方向。1992 年联合国"环境与发展大会"通过的《21世纪议程》中专门设有"人类住区"的章节，指出"人类住区工作的总目标是改善人类住区的社会、经济状况和环境质量以及所有人，特别是城市和乡村贫民的生活和工作环境"，为此它共列出了有关的八个方面的领域。1996年第二届联合国人类住区会议探讨了两大主题："人人有适当住房"和"城市化中的可持续人类住区发展"，提出了纲领性文件《人居环境议程：目标和原则、承诺和全球行动计划》，并要求"建设健康、安全、公正、可持续的城市、乡镇和农村"。

我国古代崇尚天人合一，主张尊重自然、保护自然，对人居环境的研究历史悠久。最早的"卜宅之文"在商周或更早即已出现，记录了先民取址和规划经营城邑官宅的活动，审慎周密地考察自然环境，顺应自然，有节制地利用和改造自然，创造良好的居住环境，而且天时地利人和兼备，体现了人与自然和谐相处的思想[84]。

近现代以来一直到1978年，由于我国历史状况和特殊国情，人居环境建设发展相当缓慢。改革开放以来，汲取古人智慧和国外人居环境理论发展，许多专家学者对我国人居环境理论进行了有益的探索。钱学森先生最早提出"山水城市"这一理论，得到城市科学和城市规划界的重视，认为山水城市是一种思想理念，是城市的一种形态模拟[85]。1994年出版的《中国21世纪议程——中国21世纪人口、环境与发展白皮书》系统地从加强城市管理、促进区域基础设施的统一建设、增强人类住区开发能力、为所有人提供适当住房等方面探讨了宏观人居环境的优化[86]。

1993年吴良镛先生在中国科学院技术科学部学部大会上第一次提出建设中国的人居环境科学，并在2001年出版的《人居环境科学导论》一书中，系统地阐述了人居环境科学的基本理论体系[14]。

国内许多其他学者也在人居环境研究上积极探索，不断丰富着人居环境理论。王如松[87]从生态学的角度对城市人居环境开展研究，提出"城市的核心是人，发展的动力和阻力也是人"。正确处理好人与土地（包括地表的水、土、气、生物和人工构筑物）的生态关系是人居生态研究的核心任务。宁越敏等[88]提出人居硬环境和人居软环境构成了人居环境，其中硬环境是软环境的载体，而软环境的可居性是硬环境的价值取向，并以上海为例研究大城市人居环境演化过程，提出都市人居环境优化原则。赵万民[89]以三峡为研究对象，探讨山区人居环境的规划方法、理念，创新山地人居环境理论。刘滨谊等[90][91]提出人类聚居环境学三元论哲学基础，并提出只有走可持续发展的规划设计，才能实现人类聚居环境的优化。

2.2.2 人居环境科学的内涵

吴良镛先生倡导的"人居环境科学"是一门以人类聚居为研究对象，以人与自然的协调为中心，着重探讨人与环境之间相互关系的科学。人居环境分为五大系统：自然系统、人类系统、居住系统、社会系统和支撑系统。根据我国实际把人居分为五大层次研究：全球、区域、城市、社区（村镇）、建筑。人居环境建设要体现生态观、经济观、科技观、社会观和文化观。自然生态因素在人居环境中占有极为突出的位置，生态观被居于首要位置。他认为：

1）人居环境的核心是人，要以满足"人类居住"需要为目的。

2）自然环境是人类环境的基本条件，人类生产生活及人居环境建设活动都离不开自然环境，生态环境更是包括人在内的一切生物安身立命之所。

3）人居环境是人类与自然环境之间发生联系和作用的中介，人居环境的建设本身就是人类和自然环境相联系及作用的一种形式，理想的人居环境是人类和自然环境和谐统一。

4）人居环境的内容很复杂，人类在人居环境中结成社会，进行各种各样的社会活动，并努力创造出适合人类居住的地方，进一步形成更大规模和更为复杂的支撑体系。

5）人类创造出人居环境，人居环境又对人类的行为产生影响。

在研究方法上，吴良镛先生认为人居环境是一个复杂的"巨系统"，涉及面极其广泛，应采用融贯的综合研究，从外围学科中有重点地抓住与人居环境科学有关的部分加以融会贯通，以问题为导向，对人居环境的研究要同人居环境建设的目标联系起来，采用将人居环境所面对的复杂的内容和过程简化为若干方面、综合集成的方法[92-94]。

2.2.3　人居环境科学是开展新农村人居环境研究的重要引领

开展新农村人居环境质量综合评估与环境监管是在人居环境科学的范畴下进行的，人居环境的相关理论是开展本研究的理论依据。

人居环境研究涉及面极其宽广，研究不可能面面俱到，必须对新农村人居环境质量综合评估与环境监管的研究内容加以界定。考虑与人居生活密切相关的因素，明确以问题为导向，紧抓现阶段农村人居环境的突出问题开展研究，研究目的同人居环境建设的目标相联系，试图为解决新农村人居环境存在的问题提供借鉴。

2.3　人地关系理论

2.3.1　人地关系理论的提出与发展

人地关系是一对既矛盾又和谐的辩证关系[95][96]，其思想源远流长。人类在很早以前，就通过生产活动，逐步认识周围环境，积累了早期的地理知识，进而从哲学的角度探索人类活动和地理环境的关系。春秋战国时期，我国就出现了多种人地观，有"天命论"（自然灾害、生产丰歉乃至国家兴败皆由天注定）、机械唯物论（人地紧密相关，地的发展规律主宰一切），以及朴素的辩证唯物论（地理条件是可变因素，因人而异，所谓"天有其时，地有其材、人有其治"，天时不如地利，地利不如人和等）[97]。

西方以德国拉采儿（Ratzel）、法国孟德斯鸠（Montssquieu）和美国沈波儿（Semple）为代表的学者，受拉马克（Lamarck）、达尔文（Darwin）"进化论"的影响，认为人是自然的产物，在一定的地理环境下必然形成一定的人文现象，形成了"地理环境决定论"流派。这种机械唯物论的人地观，当时对破除宗教迷信有一定的进步意义，但夸大了地理环境的力量，无视生产力和生产关系的矛盾是社会发展的根本动力。代表法国人地学派的白兰士（BIache）和白吕纳（Brunhen）等首先根据区域观念来研究人地关系，他们提出的"或然论"认为人地关系是相对的而不是绝对的，人类在利用自然方面具有选择力，能改变和调节自然现象，并预见人类改变自然越甚则二者的关系越密切，具有朴素的辩证观点。以德国赫脱纳（Hettner）和巴沙格（Passarqe）为代表的景观学派，认为景观是自然和人文要素相结合的区域现象的整体。此外，巴罗斯（Barrows）的"人类生态学"，罗士培的"调整论"和索尔（Sauer）的"文化景观论"都极大地丰富了人地关系理论[97]。总体而言，人地关系先后形成了侧重于对人类活动限制作用的地理环境决定论、反映人类活动能动性和地理环境作用概率特征的或然论、维持人与自然生态系统平衡的适应论和人类生态学，现在，强调人类活动与环境协调共生的和谐论逐渐占主导地位。[98-100]

2.3.2 人地关系理论的内涵

人地关系，狭义而言是人口与耕地的关系；广义而言是人类社会和人类活动与自然环境的相关关系[101]。所谓"人"是指社会性的人，即在一定生产方式下从事各种社会活动的人；"地"不仅包括地球系统的岩石圈、水圈、大气圈和生物圈中诸要素共同构成的自然环境，也包括因人类作用而改变了的人文地理环境[102]。

对人地关系要有全面的认识。人地之间的客观关系是：第一，人对地具有依赖性，地是人赖以生存的唯一物质基础和空间场所，地理环境经常地影响人类活动的地域特性，制约着人类社会活动的深度、广度和速度。这种影响与制约作用是随人对地的认识和利用能力而变化的。一定的地理环境只能容纳一定数量和质量的人及其一定形式的活动，而其人数和活动形式都随人的质量而变化。第二，在人地关系中，人居于主动地位，人具有能动功能与机制，人是地的主人，地理环境是可以被人类认识、利用、改变、保护的对象。总之，人生存活动必须依赖所处的地，要主动地认识，并自觉地在地的运行规律下去利用和改变地,以达到使地更好为人类服务的目的,这就是人和地的客观关系。这种关系将随着人类文化科学技术和生产力发展水平的不断提高、利用和保护地理环境的能力逐渐增强而变得日益密切,同时也随着地理环境在人类作用下产生的变化而不断改变,这是人地关系变化的客观规律[97]。

2.3.3　PSR 模型是人地关系研究的重要工具

"压力-状态-响应"(pressure-state-response,PSR)模型最早由加拿大统计学家 Tony Friend 和 David Rapport 在 1979 年提出,后由经济合作与发展组织(Organization for Economic Co-operation and Development,OECD)和联合国环境规划署(United Nations Environment Programme,UNEP)于 20 世纪八九十年代共同发展起来[103]。

PSR 模型采用"压力-状态-响应"组织结构,充分反映了人类与环境之间相互作用的关系。首先是人类通过各种生产活动从自然环境中获取生存与发展所必需的资源,同时又向自然界排放废弃物,改变了自然资源储量与环境质量状况,被破坏的自然和环境状态反过来影响人类的社会经济活动,进而通过行为、政策的变化而对这些变化做出反应,如此循环往复,构成人类与环境之间"压力-状态-响应"的关系。其中,压力指标表征人类活动对环境的作用,如资源索取、物质消费以及各种产业运作过程中所产生的物质排放等对环境造成的破坏和扰动,与生产消费模式紧密相关,包括直接压力指标(如资源利用、环境污染)和间接压力指标(如人类活动、自然事件),它能反映"状态"形成的原因,同时也是政策"响应"的结果。状态指标表征特定时间阶段的环境状态和环境变化情况,包括生态系统和自然环境现状、人类的生活质量和健康状况等,它反映了在一定压力下环境结构和要素的变化结果,也反映出响应的有效性;响应指标包括社会和个人如何行动来减轻、阻止、恢复和预防人类活动对环境的负面影响,以及对已经发生的不利于人类生存发展的生态环境变化进行补救的措施,如政策、教育、技术变革等,反映了对环境状态变化的反应程度,同时也为人类活动提供指导。

该模型充分体现了人与环境的互动,以因果关系为基础,说明了发生的原因、现在的状态及将如何处理这三个问题,具有综合性、系统性、整体性等特点,被广泛用于人地关系研究[103][104][105]。

世界银行土地质量指标(land quality indicators,LQIs)项目以 PSR 模型为基础,为热带、亚热带及温带农业生态区的人工生态系统(农业与林业)建立土地质量指标体系[107]。周炳中等[108]从土地利用中的人地关系分析入手,建立了土地利用的 PSR 模型,并据此构建评价指标体系,研究区域土地可持续利用问题。詹海斌等[109]构建了基于"压力-状态-响应"模型的江苏省城市土地集约利用评价指标体系,对江苏省城市土地集约利用水平进行空间差异分析，研究结果证明依据城市人地关系的 PSR 模型构建评价指标体系是可行的。蒋卫国等[110]根据湿地生态系统特点，运用 PSR 模型，建立湿地生态系统健康评估指标体系。李茜等[111]以宁夏回族自治区为研究区，依据扩展 PSR 模型建立了土地生态环境安全评估的指标体系。孙勤芳等[112]基于 PSR 模型构建了农村环境质量综合评估指标体系。颜利等[113]根据 PSR 模型和流域生态系统特点，建立了流域生态系统健康评估的指标体系和评估模型，对福建省诏安东溪流域的生态系统健康状态进行评估。

2.3.4　PSR 模型是新农村人居环境质量评估指标体系构建的重要方法

农村生态系统是农村地域内以一定形式的物质与能量交换而联系起来的相互制约、相互作用的由生命体和非生命体共同组成的有机体，是自然-人工复合生态系统[114]。农村人居环境是人对自然环境改造后形成的人工环境，是人地关系的集中体现，也是人地关系最基本的联结点。

新农村人居环境质量评估涉及要素众多，采用 PSR 模型，更有利于认清人居环境质量各要素间的逻辑关系，阐述不同指标之间的联系，综合、系统地反映新农村人居环境质量，因此本研究从人地关系出发，以"压力-状态-响应"模型理论为指导，构建评估指标体系。

第3章 新农村人居环境现状调研

我国农村区域面积广大，不同地区社会经济和自然地理方面差异较大，只有摸清各地农村人居环境质量的实际情况，了解不同地区人居环境建设的差异和特征，掌握各地农村环境监管现状，才能确保后续研究具有针对性和可操作性。

本章从新农村人居环境严峻形势及监管现状、典型农村人居环境现状实地调研以及存在的问题三个层次展开，为后续研究打好基础。

3.1 我国农村人居环境严峻形势及监管现状

虽然我国农村人居环境整治取得了一定进展，但是农村污染量大、面广，农业面源污染日趋突出，"脏乱差"现象普遍存在，环境基础设施建设严重滞后，我国农村环境形势严峻，呈现"点源与面源污染共存，生活污染和工业污染叠加，各种新旧污染相互交织；工业及城市污染向农村转移，危及农村饮水安全和农产品安全；农村环境保护的政策、法规、标准体系不健全；一些农村环境问题已经成为危害农民身体健康和财产安全的重要因素，制约了农村经济社会的可持续发展。"[115]

结合我国农村地域辽阔、居民点相对分散的特点，立足已有研究成果，总结农村人居环境概况，是一项重要而必需的工作。

3.1.1 农村人居环境概况

环境污染依据不同的角度有不同的划分方法，如按污染物性质来分，可分为生物污染、化学污染和物理污染；按污染范围来分，可分为局部性污染、区域性污染和全球性污染；按污染源来分，可分为点源污染和非点源污染；按产生的原因来分，可分为生产污染和生活污染[116]。本研究从环境要素角度出发，从环境空气、水环境、土壤环境、生态环境、人居环境5个方面分析农村人居环境污染状况及主要来源。

3.1.1.1 环境空气质量概况

3.1.1.1.1 环境空气质量状况

2009 年以来，我国逐步开展农村环境质量监测试点工作，积累了农村环境质量第一手资料。根据环境保护部调查数据[117]，2012 年，全国 798 个村庄的农村环境质量试点监测结果表明，试点村庄空气质量总体较好。729 个村庄空气质量未出现超标现象，占 91.4%，监测天数累计共 7 832 d，达标天数 7 280 d，占 93.0%，其中 SO_2 全部达标，NO_2 达标比例为 99.9%，可吸入颗粒物达标比例为 92.1%。

丁铭等[118]基于"十二五"期间江苏省农村环境空气试点监测数据，分析得出 2011—2015 年江苏省试点农村环境空气污染物质量浓度呈现先扬后抑的变化趋势，2012 年后，环境空气污染物质量浓度有所下降，其中 PM_{10} 和 NO_2 下降最为明显。2015 年 PM_{10} 和 NO_2 质量浓度年均值分别为 76.8mg/m^3 和 24.3mg/m^3，较 2012 年分别下降了 20.8% 和 24.7%。SO_2 质量浓度年均值为 22.1～33.3mg/m^3，NO_2 的质量浓度年均值为 23.6～32.3mg/m^3，PM_{10} 质量浓度年均值为 74.4～97.1mg/m^3，均达到《环境空气质量标准》（GB 3095—2012）二级标准的要求，江苏省试点农村环境空气质量总体良好，其中苏南地区的 SO_2、NO_2 和 PM_{10} 的质量浓度高于苏中、苏北地区。

广西根据自然环境、地貌、经济发展程度、农村类型等因素，逐年选择有代表性的农村布设监测点位，涉及 13 个市 71 个村庄，总体上看，2011—2014 年，广西农村环境空气质量达标率为 98%，空气质量良好，主要超标污染因子为 PM_{10} 和 NO_2，两者的超标率和浓度值均呈现逐年下降趋势。[119]

程慧波等[120]选取了甘肃省 73 个村庄作为研究对象，结果表明，甘肃省农村环境空气最主要的污染物为 PM_{10}。甘肃省农村相对于东部发达地区农村较为落后，农村道路以土路为主，加之西北地区农村风力较大且干旱少雨等，造成甘肃省农村地区 PM_{10} 在环境空气污染物中占有很大的比重，对农村环境质量造成重大影响；由于甘肃省农村地区工业较少、机动车辆较少，SO_2 和 NO_2 在环境空气中含量很低。

总体来说，我国农村环境空气质量总体良好，并呈改善趋势，与城市相比，污染因子相对简单，主要超标因子为 PM_{10} 和 NO_2。

3.1.1.1.2 环境空气污染来源

影响农村空气质量的主要因素包括污染源的分布及污染物的传输，其中污染源的分布因素有工业污染点源、农村污染面源、交通污染线源 3 种主要类型。农村污染面源主要来源于农业生产和农村居民生活产生的空气污染物，其分布情况主要取决于农村人口的分布。交通污染线源主要来源于农村主要公路，如国道、省道和县乡公路，污染源产生量由区域范围内的交通流量来决定。工业污染点源主要指工业企业生产和各种农村小作坊的废气排放，工业污染在工业型村庄较为突出。

（1）生活垃圾及畜禽养殖粪便污染

部分农村地区基础设施建设不完善，生活垃圾露天堆放，蚊蝇滋生、臭气熏天，卫生情况不容乐观，直接影响周围居民生活质量。同时，农村养殖场在畜禽养殖过程和畜禽粪污处理过程中，产生大量的氨气、H_2S、粪臭素、CH_4 等有害气体，这些气体不仅影响环境空气质量，而且危害人体健康。有害气体被吸入呼吸道，能传播疾病，可引起咳嗽、气管炎和支气管炎等疾病，威胁养殖安全及养殖场员工和周边居民的身体健康。

（2）工业型污染

工业型污染是城市大气污染的主要特征，随着工业企业向农村的转移，现已成为农村地区大气污染的重要特征。乡镇企业多数为低技术含量的粗放经营，特别是属于高污染行业的小型企业，布局分散、经营管理水平低、环保治污设施不完善，工业废气净化处理率明显低于全国平均水平。农村环境管理落后，大气污染物排放量居高不下，导致工业型污染日益突出。

（3）秸秆焚烧污染

我国农村"焚烧秸秆"污染问题是农业可持续发展中的重大问题。我国秸秆资源量大，来源广泛，包括麦秸、稻秸、玉米秸等，2016 年全国秸秆理论资源量达 9.84 亿 t，可收集量达到 8.24 亿 t[121]，但我国农村尚未普及科学有效的处理和回收技术，同时随着农村人的生活方式和农业生产方式的变化，每年到了收获季节，我国部分粮食主产区仍出现较为严重的秸秆焚烧现象。在每年六七月的收割季节，农民将大量的废弃秸秆直接在田地里焚烧，不但浪费大量的资源和能源，而且焚烧秸秆造成大面积烟雾弥漫，导致空气中颗粒物浓度明显升高，严重污染农村大气环境，秸秆不完全燃烧产生的二噁英、CO 等有毒有害气体严重影响周围居民的生活质量。

2019 年，通过卫星遥感共监测到全国秸秆焚烧火点 6 300 个（不包括云覆盖下的火点信息），主要分布在黑龙江、内蒙古、吉林、河北、山西、辽宁、安徽、山东、湖北、湖南等省（区）。火点个数比 2018 年减少了 1 347 个[122]。

3.1.1.2 水环境质量概况

农村水环境包括分布在广大农村的河流、湖泊、池塘、水库及地下水等。近年来，我国大力整治水环境，污染状况虽有所改善，但水质污染问题依然存在。

3.1.1.2.1 农村饮用水水源地状况

目前大部分地区农民仅仅是解决了饮水难的问题，但饮用水安全隐患突出。2012年试点村庄 1 370 个饮用水水源地监测断面（点位）水质达标率为 77.2%，其中，地表水和地下水饮用水水源地达标率分别为 86.6%和 70.3%，地表水饮用水水源地水质主要超标指标为氨氮（NH_3-N）、总磷（TP）、五日生化需氧量（BOD_5）、高锰酸盐指数和溶解氧（DO）；总氮（TN）为湖泊（水库）类饮用水水源地首要超标指标[117]。根据环境保护部 2015 年农村饮用水水源地抽样调查数据，农村饮用水水源地水质总体达标比例为 71.6%，部分农村饮用水水源周边存在化工、冶炼等工业企业。同时，农村饮用水水源地为大量分散的取水点，饮用水被污染的情况严重[123]。

3.1.1.2.2 地表水质量状况

2019 年环境质量公报显示[124]，1 940 个地表水国家考核断面中，Ⅰ～Ⅲ类水质断面比例为 74.9%，劣Ⅴ类为 3.4%。主要污染指标为 COD、TP 和高锰酸盐指数。

长江、黄河、珠江、松花江、淮河、海河、辽河七大流域和浙闽片河流、西北诸河、西南诸河的 1 610 个水质监测断面中，Ⅰ～Ⅲ类水质断面比例为 79.1%；劣Ⅴ类为 3.0%。西北诸河、浙闽片河流、西南诸河和长江流域水质为优，珠江流域水质良好，黄河、松花江、淮河、辽河和海河等流域为轻度污染。

开展水质监测的 110 个重要湖泊(水库)中，Ⅰ～Ⅲ类水质湖泊(水库)比例为 69.1%；劣Ⅴ类为 7.3%。主要污染指标为 TP、COD 和高锰酸盐指数。

农村地区地表水受到不同程度的污染，2012 年试点村庄 984 个地表水水质监测断面（点位）中Ⅰ～Ⅲ类、Ⅳ～Ⅴ类和劣Ⅴ类水质断面（点位）比例分别为 64.7%、23.2%和 12.1%。主要超标指标为 BOD_5、NH_3-N、TP、高锰酸盐指数和石油类，湖泊（水库）主要超标指标为 TN。少数试点村庄地表水存在重金属超标情况。对粪大肠菌群水质类别进行单独评价，Ⅰ～Ⅲ类占 80.0%，Ⅳ～Ⅴ类占 15.0%，劣Ⅴ类占 5.0%[117]。

3.1.1.2.3 地下水质量状况

我国地下水开采量近 30 年来以每年 25 亿 m^3 的速度递增，地下水的供给量占到全国总供给量的 20%，其中北方缺水地区占 52%，华北和西北城市供水中地下水所占比例分别为 72%和 66%。根据中国地质环境监测院的调查，目前我国地下水污染呈现由点到面、由浅向深、由城市向农村的扩散趋势，污染程度日益严重。北京、辽宁、吉林、上海、江苏、海南、宁夏和广东 8 个省（区、市）641 眼井的水质监测结果显示，水质适合各种使用用途的Ⅰ～Ⅱ类监测井仅占评价监测井总数的 2.3%，适合集中式生活饮用水水源及工农业用水的Ⅲ类监测井占总数的 23.9%，适合除饮用外其他用途的Ⅳ～Ⅴ类监测井占总数的 73.8%[125]。

3.1.1.2.4　水环境污染特征

我国农村水污染是分散的污染源造成的，污染涉及范围、面积较广，加上监测农村水污染难度大等，导致农村水污染治理的难度加大。概括我国农村水污染的特征，主要有以下几点。

（1）农村水污染来源的复合性

我国农村水污染源既有来自城市污染物的转移，也有农村自身的农业面源污染、乡镇企业污染、畜禽养殖污染和农村生活产生的污染，所以农村存在着我国绝大多数类型的污染物。

（2）农村水污染的分散性和隐蔽性

与城市水污染的相对集中性相比，农村水污染的显著特征就是分散性。城市水污染基本上都是点源污染，便于监测与治理，但对于农村水污染来说，污染源的多样性以及村落居住的分散性使农村水污染具有分散性。农村地貌、水文特征、气候、风俗习惯及土地利用状况等因素，再加上我国对农村水环境监管投入不足，造成农村水污染如果不用专业设备和技术进行监测、评估，仅凭人的肉眼是很难发现的，因而农村水污染具有隐蔽性。

（3）农村水污染的广泛性与难以监测性

广泛性主要表现在农村水污染涉及多个分散的污染源与污染主体，同时这些污染源因为种种自然或人为因素还会交叉混合，发生迁移，扩大污染范围。就我国目前对农村环境保护的投入来看，农村水污染信息的缺失和不对称导致农村水污染监测难的问题突出。

3.1.1.2.5　水环境污染来源

农村水环境污染来源主要包括以下几方面。

（1）化学肥料、农药的大量使用

我国农村有机肥料施用的大幅度减少和氮肥、磷肥、钾肥的不合理使用以及化学肥料施用的快速增长，导致土壤中氮、磷、钾不平衡，土壤板结，耕作质量差，肥料利用率低，土壤和水分易流失，造成地表水、地下水的污染。农药对水体的污染主要来自：直接向水体施药；农药通过雨水或灌溉水由农田向水体迁移；农药生产、加工企业废水的排放；大气中残留农药随降雨进入水体；农药使用过程中，雾滴或粉尘微粒随风漂移沉降进入水体；施药工具和器械的清洗等。

（2）乡镇企业污染物的排放

改革开放带来了乡镇企业的蓬勃发展，带动了农村小城镇的复苏和兴起。乡镇企业具有布局分散、规模小和经营粗放等特征，而且每年有大量污染物未经处理直接排放，使得周边环境污染严重。许多乡镇企业生产过程中产生的废水未经处理直接排向河沟、水库和农田，大量杂乱堆放的工业固体废物、生活垃圾又对地表水和地下水产生了二次污染。特别是近年来，城市对环境污染实行严厉整治后，许多污染严重的企业转移到郊区或小城镇，一些废旧电子、机械垃圾也转移到农村。

（3）污水灌溉（简称污灌）

大量未经处理及超标的污水直接用于灌溉，污灌面积盲目扩大，造成土壤、作物及地下水的严重污染。污灌已经成为我国农村环境恶化的主要原因之一，直接威胁着污灌区的饮水安全。污灌存在的问题主要表现在：一是缺少必要的污水处理措施，污灌水质超标。二是污灌面积盲目扩大，监控管理体系不健全。污灌大都是农民自发行为，农民在缺乏正常灌溉水的情况下，不得不取用污水作为农业用水的水源，虽然颁布了《农田灌溉水质标准》（GB 5084—2021），但污灌水质无人监管、灌溉部门没有按标准把关，导致污水灌溉面积的扩大存在严重的盲目性。三是河道灌溉功能退化，在城市郊区的河道大都变成污水排放的地方。随着城市工业的发展，河道的管理未纳入城市规划，致使有些灌溉用水的河道变成城市工业废水排放的河道。

（4）畜禽养殖场

畜禽养殖会产生大量污水，污水不但 NH_3-N 浓度高、色度高，含有大量的细菌，而且其 COD 的含量远高于生活污水中的含量，是一种难处理的高浓度有机废水。未经处理的污水（含有机物、致病微生物等）直接排入或随雨水冲刷进入江、河、湖、库及经长时间渗透到地下水，极大地危及水环境，严重危害人体健康。N、P、K 等物质是引起水体富营养化的主要物质，而这些物质大量存在于养殖粪便中，因此不经过排污设施处理的废水会引起水体变质并导致水生生物大量死亡。

（5）生活污染源

农村居民在日常生活中使用的各种洗涤剂和产生的污水部分未经任何处理就直接排入水体，使河流、湖泊、水库遭到严重污染，生活垃圾在城郊和乡村露天存放，不仅占用了大片的可耕地，还可能传播病毒细菌，其渗滤液污染地表水和地下水，导致水环境恶化。

3.1.1.3 土壤环境质量概况

3.1.1.3.1 土壤环境质量状况

环境保护部和国土资源部于 2014 年 4 月联合发布《全国土壤污染状况调查公报》，首次全国土壤污染状况调查（2005 年 4 月—2013 年 12 月）结果显示，全国土壤环境状况总体不容乐观，部分地区土壤污染较重，耕地土壤环境质量堪忧，工矿业废弃地土壤环境问题突出。全国土壤总的点位超标率为 16.1%，其中轻微、轻度、中度和重度污染点位比例分别为 11.2%、2.3%、1.5% 和 1.1%。耕地土壤点位超标率为 19.4%，其中轻微、轻度、中度和重度污染点位比例分别为 13.7%、2.8%、1.8% 和 1.1%。林地、草地和未利用地土壤点位超标率分别为 10.0%、10.4% 和 11.4%[126]。

污染类型以无机型为主，有机型次之，复合型污染比重较小，无机污染物超标点位数占全部超标点位数的 82.8%。Cd、Hg、As、Cu、Pb、Cr、Zn、Ni 8 种无机污染物点位超标率分别为 7.0%、1.6%、2.7%、2.1%、1.5%、1.1%、0.9%、4.8%，六六六、滴滴涕（DDT）、多环芳烃 3 类有机污染物点位超标率分别为 0.5%、1.9%、1.4%[126]。

2019 年农用地土壤污染状况详查结果显示，全国农用地土壤环境状况总体稳定，影响农用地土壤环境质量的主要污染物是重金属，其中 Cd 为首要污染物[122]。

3.1.1.3.2 土壤环境污染来源

我国农村土壤污染主要表现在化肥、农药的过度施用对土壤造成的污染，农业生产用的塑料薄膜等废弃物造成的土壤污染，畜禽养殖粪便对土壤造成的污染，以及工业企业由城市向农村转移产生的重金属通过污水、大气和固体废物进入土壤，从而造成的土壤污染等。土壤污染发生范围广、持续时间长，并且疏于治理，已经让农村及农业生态环境乃至社会经济的可持续发展亮起了红灯。

（1）农业污染

我国是农业大国，也是农药生产和需求大国。我国农药单位面积平均使用量比世界发达国家高 2.5～5 倍。从国家统计数据来看，近年来，我国农药使用量总体呈现出明显上升的态势，农药使用的绝对数量增幅较大：从 1990 年的 76.5 万 t 增加到 2014 年的 184.3 万 t，增幅为 140.92%[127]。由于农药的大量使用，害虫的天敌或其他益虫迅速减少，这又会造成追加施用农药的恶性循环，而这些农药的利用率不足 30%，大部分农药进入水体、土壤及农产品中，直接威胁人体健康。

近 20 年我国化肥施用量逐年增长，2011 年化肥施用量达 5 704.2 万 t，国际公认的化肥施用安全上限是 225 kg/hm^2，2011 年我国施用农用化肥平均已达 434.3kg/hm^2，远超出安全上限，同时我国化肥利用率低，仅为 30%～40%，为国际水平的一半[127]。化肥中的氮、磷大部分进入了水体、土壤中，对水体、土壤造成不同程度的污染。

我国地膜覆盖面积和使用量均居世界第一，农膜污染也在加剧。截至 2011 年年底，我国地膜用量达到 125.5 万 t，覆盖面积已达 0.2 亿 hm^2。据测算，未来 10 年，我国地膜覆盖面积将以每年 10% 的速度增加，有可能达到 0.33 亿 hm^2，地膜用量也将达到 200 万 t 以上。由于农膜质量不过关，塑料制品中增塑剂（酞酸酯）化学污染严重，加之回收手段落后，耕地中留有大量不能自然降解的农膜残片，造成土壤污染。

（2）畜禽养殖污染

畜禽粪便不经无害化处理施入土壤，其中的寄生虫、病原微生物以及重金属，会在土壤中积累，造成土壤污染。重金属不像有机污染物能被土壤中微生物降解，而是将长期滞留在土壤中，导致其在土壤中含量不断增加，从而破坏土壤中的微生物群落和游离酶活性[129]。当土壤中的有害物质过多，超过土壤的自净能力，就会引起土壤的组成、结构和功能发生变化，微生物活动受到抑制，有害物质或其分解产物在土壤中逐渐积累，通过"土壤—植物—人体"或者"土壤—水—人体"间接被人体吸收，从而危害人体健康[130]。

（3）工业污染

随着城市工业企业向农村不断转移，我国农村土壤环境安全问题日益突出，一些地区土壤污染严重，对生态环境、食品安全和农业发展都构成威胁。据不完全统计，目前全国受污染的耕地已达 1 000 万 hm^2，占耕地总面积的 20%以上，每年土壤污染造成的经济损失达 200 亿元，其中每年因重金属而受污染的粮食达 1 200 万 t。目前，我国受 Cd、As、Cr、Pb 等（类）重金属污染的耕地面积近 2 000 万 hm^2，约占总耕地面积的 1/5。

3.1.1.4 生态环境概况

3.1.1.4.1 生态环境状况

目前我国生态环境保护取得了一定成绩，但生态环境状况仍面临严峻形势。根据《2019 年中国生态环境状况公报》，2019 年全国生态环境状况指数（EI）值为 51.3，生态质量一般，与 2018 年相比无明显变化。

生态质量优（植被覆盖度高，生物多样性丰富，生态系统稳定）和良（植被覆盖度较高，生物多样性较丰富，适合人类生活）的县域面积占国土面积的 44.7%，主要分布在青藏高原以东、秦岭—淮河以南、东北的大小兴安岭地区和长白山地区。

生态质量一般（植被覆盖度中等，生物多样性一般水平，较适合人类生活，但有不适合人类生活的制约性因子出现）的县域面积占国土面积的 22.7%，主要分布在华北平原、黄淮海平原、东北平原中西部和内蒙古中部。

生态质量较差（植被覆盖较差，严重干旱少雨，物种较少，存在明显限制人类生活的因素）和差（条件较恶劣，人类生活受限制）的县域面积占国土面积的 32.6%，主要分布在内蒙古西部、甘肃中西部、西藏西部和新疆大部。

817 个开展生态环境动态变化评价的国家重点生态功能区所在的县域中，与 2017 年相比，2019 年生态环境变好的县域占 12.5%，基本稳定的占 78.0%，变差的占 9.5%。

中国自然生态系统受外来入侵物种破坏形势仍然严重。据《2019 年中国生态环境状况公报》报道，全国已发现外来入侵物种有 660 种，比 2010 年增加了 39.5%。其中 71 种对自然生态系统已造成威胁或具有潜在威胁，并被列入《中国外来入侵物种名单》。对 67 个国家级自然保护区外来入侵物种进行调查，结果表明，215 种外来入侵物种已入侵国家级自然保护区，其中 48 种外来入侵物种被列入《中国外来入侵物种名单》[122]。世界自然保护联盟（IUCN）公布的全球 100 种恶性外来入侵物种中有 50 余种已入侵中国。常年大面积发生危害的物种有 120 多种，每年仅水花生、福寿螺等 20 种主要农业外来入侵物种造成的经济损失达 840 亿元人民币[128]。外来物种入侵危害区域涉及农田、森林、湿地、草原等生态系统，造成野生生物资源处于濒危状态。

3.1.1.4.2 生态环境恶化的原因

资源不合理开发利用是生态环境恶化的主要原因。一些地区环境保护意识不强，重开发轻保护，重建设轻维护，对资源采取掠夺式、粗放型开发利用方式，超出了生态环境承载能力；一些部门和单位监管薄弱、执法不严、管理不力，致使许多破坏生态环境的现象屡禁不止，加剧了生态环境的退化。同时，长期以来对生态环境保护和建设的投入不足，也是生态环境恶化的重要原因。

3.1.1.5 人居环境建设

当前，农村亟待解决的环境问题是饮用水安全、环境卫生以及河塘沟渠水环境。从人居环境建设治理角度，主要涉及饮用水安全保障、生活垃圾处置、生活污水处理、清洁能源使用和畜禽养殖污染治理。

3.1.1.5.1 饮用水安全保障

农村饮用水安全，是指农村居民能够及时、方便地获得足量、洁净、负担得起的生活饮用水。饮用水安全事关亿万农民的切身利益，是农村群众最关心、最直接、最现实的利益问题，是加快社会主义新农村建设和推进基本公共服务均等化的重要内容。

我国是一个人口众多的发展中国家，受自然、地理、经济和社会等条件的制约，农村饮水困难和饮水不安全问题突出。特别是占国土面积 72% 的山丘区，地形复杂，农民居住分散，很多地区缺乏水源或取水困难。不少地区受水文地质条件、污染以及开矿等人类活动的影响，地下水中 F、As、Fe、Mn 等含量以及 NH_3-N、硝酸盐等指标超标，必须经过净化处理或寻找其他优质水源才能满足饮用水卫生安全要求。

2006—2010 年，国家累计下达农村饮水安全工程建设投资计划 1 009 亿元，其中中央投资 590 亿元，计划解决 20 956 万农村人口的饮水安全问题。实际完成总投资 1 053 亿元，其中中央投资 590 亿元，地方政府投资和群众自筹 439 亿元，社会融资 24 亿元，解决了 19 万个行政村、21 208 万农村人口的饮水安全问题。其中，新建集中式供水工程（供水受益人口在 20 人以上）22.1 万处，新增集中供水能力 2 628 万 m³/d，受益人口 2.02 亿，集中式供水人口受益比例由 2005 年年底的 40%提高到 2010 年年底的 58%；同时新建分散式供水工程 66.1 万处，受益人口 1 040 万人。实施农村饮水安全工程后，砷病区村、血吸虫疫区村的饮水安全问题全部得到解决，已查明的中、重度氟病区村以及其他涉水重病区村的饮水安全问题基本得到解决。

根据《全国农村饮水安全工程"十二五"规划》，截至 2010 年年底，全国还有 4 亿多农村人口的生活饮用水采取直接从水源取水、未经任何处理设施或仅有简易处理设施的分散供水方式，占全国农村供水人口的 42%，其中 8 572 万人无供水设施，直接从河、溪、坑塘取水。除原农村饮水安全现状调查评估核定的剩余饮水不安全人口外，由于饮用水水质标准提高、农村水源变化、水污染以及早期建设的工程标准过低、老化报废、移民搬迁、国有农林场新纳入规划等，还有大量新增人口饮水不安全问题需要纳入规划解决，农村饮用水安全工程建设任务仍然繁重。

此外，目前部分农村供水工程，特别是先期建设的单村供水工程存在设计时未考虑水质处理和消毒设施，或者设计了但未按要求配备、配备了但不能正常使用等现象，造成部分工程的供水水质不能完全达标。

3.1.1.5.2 生活垃圾处置

我国农村人口 2013 年为 62 961 万人，由于农村社会经济发展水平和生活方式的不同，农村各地区生活垃圾人均产生量为 0.24～1.2 kg/d。按人均产生量高限 1.2 kg/d 计算，年产生生活垃圾 27 577 万 t；按人均低限 0.24 kg/d 计算，年产生生活垃圾 5 515 万 t。因此，我国农村年产生生活垃圾量为 5 515 万～27 577 万 t；按平均 0.4 kg/d 计算，年产生生活垃圾 9 192 万 t[131]。

我国农村生活垃圾的治理仍处于初步探索阶段。随着农村环境综合整治工作的推进，一些试点地区取得了一些成效。在广东省已开展农村环境整治的 19 个县（市、区）生活垃圾主要丢弃地点为垃圾箱（池），占比为 56.16%，其余依次为房子周围的固定点和随意丢弃，占比分别为 37.74%和 6.11%。大部分农村有专人负责垃圾的收集。收集方式以定点堆放为主，占 55.26%，统一收集和随意堆放，分别占 32.37%和 12.37%。有垃圾专门收集处的农村，乱扔家庭垃圾的现象明显少于无垃圾专门收集处的农村。处理方式以填埋为主，占 46.05%，焚烧、外运、无处理、高温堆肥和再利用，分别占 33.95%、12.89%、2.63%、2.37%和 2.11%。但是，农村生活垃圾最终无害化处理水平较低，广东省 19 个调查县无害化处理平均覆盖率为 40.72%。

我国农村多数地区生活垃圾仍处于无序抛撒状态。河南省郑州市新郑市 46.46%的农户选择随意乱倒，16.16%的农户选择回收利用，18.04%的农户选择堆放到固定地点集中处理，10.86%的农户选择填埋，另有 8.48%的农户选择就地焚烧[133]。在调查的样本中，垃圾治理较好的地区已在农户的生活区附近设有垃圾桶，并进行定期处理；而在垃圾处理相对落后地区，垃圾仍然呈现乱堆乱放状态。

生活垃圾收集率低在破坏村庄环境面貌的同时还会造成二次污染。大量生活垃圾随意丢弃、散落在村头屋旁、侵占大量土地，造成村庄环境面貌较差。生活垃圾多散落在农村河沟边，相当部分浸泡在水体当中，甚至部分地区将收集好的垃圾违法倒入附近的河道，造成地表水体污染。部分农村生活垃圾简单填埋，填埋场未做防渗处理，随意堆放或简单填埋的垃圾经雨水、地表水冲刷后产生的渗出液中含有多种有毒有害的重金属和难以降解的有机物质，它们毒性强、危害大，进入水体和农田后，会严重污染土壤和水环境。随意堆放的生活垃圾在一定的温度下经过微生物的分解作用，会产生大量的 NH_3 和硫化物等恶臭气体，尤其是在有大量生活垃圾露天堆放的地点，臭气熏天，严重影响周边的大气环境。垃圾堆放村头，蚊蝇鼠害滋孳，此外部分垃圾本身含有有毒物质和病原体，成为疾病的滋生地和传播源。

3.1.1.5.3　生活污水处理

我国农村生活污水的比例越来越大，就污染量而言，农村生活污水的比重达到 50%左右。农村生活污水普遍缺乏有效治理，污水横流，农村生活污水处理现状已经到了非常严峻的地步，大多数乡、镇、村采取简陋的极易造成污染扩散的明渠排放方式；部分生活污水甚至直接洒向地面；大部分生活污水未经处理直接排入河道。农村生活污水已经成为我国主要流域水污染的重要成因之一。

目前，我国农村生活污水处理率不足 10%。建制镇生活污水处理率也小于 20%。根据调查，截至 2012 年，苏州市累计完成 1 301 个规划保护点和自然村庄的生活污水处理，受益户数近 24 万户，完成投资 15.13 亿元。按规划保留区户数计算，全市农村生活污水处理率平均为 54.8%，其中太湖一级保护区为 77.7%，阳澄湖水源水质保护区为 75.4%，其他地区为 50%。广州市政协提交的专题调研报告显示，广州市共建成城镇污水处理厂47 座，市政污水管道 4 203 km，城镇生活污水总处理能力达 465.18 万 t/d。2011 年城镇生活污水处理率为 88.46%，位居全省前列，但广州市农村生活污水处理率只有 40.7%。浙江省丽水市全市农村人粪尿产生总量约 180 万 t，经化粪池处理的量约为 23.03 万 t，处理率仅为 12.9%。

农村生活污水具有量大面广、有机物浓度偏高、间歇排放、控制困难等特点，未经处理的生活污水肆意排入周边水体，河道、湖泊受到污染，严重破坏农村生态环境，直接威胁农村居民的身体健康。未经处理的粪便排入江河湖泊，污染水体水质，生化需氧量（BOD）负荷增加，形成厌氧腐化或富营养化的现象，威胁鱼类、贝类和藻类的生存；

同时，也会传染疾病，影响居民健康。

3.1.1.5.4 清洁能源的使用

资料显示，我国农村室内空气污染主要来自燃料燃烧，我国农村取暖和做饭以煤和生物质能燃料为主，后者包括秸秆、柴草、木炭、牛羊粪等；少数地区的农户使用或部分使用气体燃料，包括液化石油气、沼气等；在我国农村，特别是北方寒冷地区，在室内燃煤取暖和做饭致使室内各种污染物严重超标。做饭和取暖用燃料，特别是煤和生物质能燃料的使用是我国及其他发展中国家农村室内空气污染的主要原因，严重危害了农村居民，特别是农村妇女和儿童的身体健康。刘占琴等对北方寒冷地区煤气化住宅内空气质量进行了监测，结果发现在点火烧饭后 NO_x 浓度大幅度增加，厨房是烧饭前的 10 倍，卧室是烧饭前的 2 倍，燃烧前后相比具有显著意义（$P<0.05$）。室内燃料燃烧造成的室内空气污染与居住者呼吸系统疾病和肺功能的下降关系密切。

3.1.1.5.5 畜禽养殖污染治理

近年来，我国畜禽养殖业发展迅速，在保障城乡畜禽产品供应、促进农民增收、活跃农村经济方面发挥了重要作用。但随着畜禽养殖业不断发展，养殖废弃物产生量也大幅增加，由于我国畜禽养殖污染防治工作相对滞后，畜禽养殖污染日趋严重。根据《全国畜禽养殖污染防治"十二五"规划》，污染源普查动态更新调查数据表明，2010 年，全国畜禽养殖业的 COD、NH_3-N 排放量分别达到 1 184 万 t、65 万 t，占全国排放总量的比例分别为 45%、25%，占农业源的比例分别为 95%、79%，畜禽养殖污染已经成为我国环境污染的重要来源。

2010 年，我国猪、牛、家禽年末存栏量分别达到约 4.6 亿头、1.1 亿头、53.5 亿只，肉类产量连续 22 年居世界第一。自 2006 年以来，畜牧业产值占农、林、牧、渔业总产值的比重稳定在 30% 以上，畜牧业已经成为部分地区农村经济的支柱产业和农民增收的主要来源。2010 年，我国生猪、蛋鸡和奶牛优势省（区）的猪肉、禽蛋和牛奶产量分别占全国总量的 92%、68%、88%，海南、天津、北京、新疆、上海、青海、宁夏、西藏等省（区、市）生猪存栏量较低，均不到全国总存栏量的 1%。畜禽规模化养殖水平逐步提高，2010 年，全国生猪、蛋鸡和奶牛规模养殖比例分别达到 65%、79%、47%。畜禽养殖污染物排放总量大，污染占比高。根据第一次全国污染源普查动态更新数据，2010 年畜禽养殖业主要水污染物排放量中 COD、NH_3-N 排放量分别为当年工业源排放量的 3.23 倍、2.30 倍。畜禽养殖污染区域差异明显，全国共有 24 个省（区、市）的畜禽养殖场（小区）和养殖专业户 COD 排放量占到本省（区、市）农业源排放总量的 90% 以上。山东、黑龙江、河北、辽宁、河南、内蒙古 6 个省（区）的畜禽养殖场（小区）和养殖专业户 COD 排放量合计占全国的 50% 以上。

规模化畜禽养殖单元包括规模化畜禽养殖场（小区）和畜禽养殖专业户。其中，规模化畜禽养殖场（小区）养殖规模为：生猪出栏量＞500 头，奶牛存栏量＞100 头，肉牛出栏量＞100 头，蛋鸡存栏量＞10 000 只，肉鸡出栏量＞50 000 只；畜禽养殖专业户养殖规模为：50 头＜生猪出栏量＜500 头，5 头＜奶牛存栏量＜100 头，10 头＜肉牛出栏量＜100 头，500 只＜蛋鸡存栏量＜10 000 只，2 000 只＜肉鸡出栏量＜50 000 只。

畜禽养殖污染成为部分地区水环境质量下降的重要原因。畜禽养殖粪便和污水中含有大量的 N、P 等营养物质，排入水体后，水生生物过度繁殖、溶解氧含量急剧下降，发生水体富营养化。有关研究表明，太湖外部污染总量中，工业污染源仅占 10%～16%，而农业面源污染占 59%，其中畜禽养殖污染占较大比例。

畜禽养殖污染对土壤环境和农产品质量安全构成威胁。一方面，部分地区畜禽养殖量无序增加，废弃物排放量严重超过土地消纳能力，造成农田土壤污染。另一方面，畜禽饲料添加剂中的抗生素、激素、Cu、Fe、Cr、Zn 等物质随着粪肥还田，长期过量累积，导致土壤和地下水环境污染、有毒有害物质增加，间接造成粮食、蔬菜等农产品质量下降。此外，处理不当的畜禽养殖粪便还会造成农产品微生物污染，直接威胁食品安全。

畜禽养殖污染影响人居环境质量和人体健康。部分农村地区人畜混居现象仍较普遍，畜禽粪便中含有的大量病原微生物，极易孳生蚊蝇，影响村庄环境卫生状况。畜禽养殖产生的恶臭、粉尘和微生物排放量超过大气的自净能力时，会导致空气质量下降，对周边居住人群的生活产生不良影响。有关研究表明，年出栏量 10 万头的养猪场，污染半径可达 4.5～5.0km。畜禽养殖场排出的粉尘携带大量微生物，可引起口蹄疫、猪肺疫、大肠埃希氏菌、炭疽、布氏杆菌、真菌孢子等疫病和病菌的传播。

3.1.2　我国农村人居环境监管现状

我国农村环境监管体系尚未建立，目前沿用的是针对城市环境和工业污染防治而建立的环境监管体系，是一种"自上而下"的政府主导型的监管模式，但我国特有的城乡二元结构和农村环境污染的特殊性，导致了这种监管模式很难适应目前我国新农村环境监管的现状。从文献资料调研和典型地区实地调研的情况来看，其不适应性体现在如下几个方面。

3.1.2.1　环境监管的主体

我国现行的环境管理主要采用的是行政管理模式，监管主体仍然是政府部门，包括生态环境主管部门和其他赋予生态环境保护监督管理职责的部门，具体见表 3-1。

表 3-1　环境监管有关部门及主要职责

监管部门	与环境管理相关的主要职责
生态环境部	（1）负责建立健全生态环境基本制度。会同有关部门拟订国家生态环境政策、规划并组织实施，起草法律法规草案，制定部门规章。会同有关部门编制并监督实施重点区域、流域、海域、饮用水水源地生态环境规划和水功能区划，组织拟订生态环境标准，制定生态环境基准和技术规范。 （2）负责重大生态环境问题的统筹协调和监督管理。牵头协调重、特大环境污染事故和生态破坏事件的调查处理，指导协调地方政府对重、特大突发生态环境事件的应急、预警工作，牵头指导实施生态环境损害赔偿制度，协调解决有关跨区域环境污染纠纷，统筹协调国家重点区域、流域、海域生态环境保护工作。 （3）负责监督管理国家减排目标的落实。组织制定陆地和海洋各类污染物排放总量控制、排污许可证制度并监督实施，确定大气、水、海洋等纳污能力，提出实施总量控制的污染物名称和控制指标，监督检查各地污染物减排任务完成情况，实施生态环境保护目标责任制。 （4）负责提出生态环境领域固定资产投资规模和方向、国家财政性资金安排的意见，按国务院规定权限审批、核准国家规划内和年度计划内规模固定资产投资项目，配合有关部门做好组织实施和监督工作。参与指导推动循环经济和生态环保产业发展。 （5）负责环境污染防治的监督管理。制定大气、水、海洋、土壤、噪声、光、恶臭、固体废物、化学品、机动车等的污染防治管理制度并监督实施。会同有关部门监督管理饮用水水源地生态环境保护工作，组织指导城乡生态环境综合整治工作，监督指导农业面源污染治理工作。监督指导区域大气环境保护工作，组织实施区域大气污染联防联控协作机制。 （6）指导协调和监督生态保护修复工作。组织编制生态保护规划，监督对生态环境有影响的自然资源开发利用活动、重要生态环境建设和生态破坏恢复工作。组织制定各类自然保护地生态环境监管制度并监督执法。监督野生动植物保护、湿地生态环境保护、荒漠化防治等工作。指导协调和监督农村生态环境保护，监督生物技术环境安全，牵头生物物种（含遗传资源）工作，组织协调生物多样性保护工作，参与生态保护补偿工作。 （7）负责生态环境准入的监督管理。受国务院委托对重大经济和技术政策、发展规划以及重大经济开发计划进行环境影响评价。按国家规定审批或审查重大开发建设区域、规划、项目环境影响评价文件。拟订并组织实施生态环境准入清单。 （8）负责生态环境监测工作。制定生态环境监测制度和规范、拟订相关标准并监督实施。会同有关部门统一规划生态环境质量监测站点设置，组织实施生态环境质量监测、污染源监督性监测、温室气体减排监测、应急监测。组织对生态环境质量状况进行调查评价、预警预测，组织建设和管理国家生态环境监测网和全国生态环境信息网。建立和实行生态环境质量公告制度，统一发布国家生态环境综合性报告和重大生态环境信息。 （9）组织开展中央生态环境保护督察。建立健全生态环境保护督察制度，组织协调中央生态环境保护督察工作，根据授权对各地区各有关部门贯彻落实中央生态环境保护决策部署情况进行督察问责。指导地方开展生态环境保护督察工作。 （10）统一负责生态环境监督执法。组织开展全国生态环境保护执法检查活动。查处重大生态环境违法问题。指导全国生态环境保护综合执法队伍建设和业务工作。 （11）组织指导和协调生态环境宣传教育工作，制定并组织实施生态环境保护宣传教育纲要，推动社会组织和公众参与生态环境保护。开展生态环境科技工作，组织生态环境重大科学研究和技术工程示范，推动生态环境技术管理体系建设。 （12）职能转变。生态环境部要统一行使生态和城乡各类污染排放监管与行政执法职责，切实履行监管责任，全面落实大气、水、土壤污染防治行动计划，大幅减少进口固体废物种类和数量直至全面禁止洋垃圾入境。构建政府为主导、企业为主体、社会组织和公众共同参与的生态环境治理体系，实行最严格的生态环境保护制度，严守生态保护红线和环境质量底线，坚决打好污染防治攻坚战，保障国家生态安全，建设美丽中国

监管部门	与环境管理相关的主要职责
农业农村部	（1）统筹研究和组织实施"三农"工作的发展战略、中长期规划、重大政策。组织起草农业农村有关法律法规草案，制定部门规章，指导农业综合执法。参与涉农的财税、价格、收储、金融保险、进出口等政策制定。 （2）统筹推动发展农村社会事业、农村公共服务、农村文化、农村基础设施和乡村治理。带头组织改善农村人居环境。指导农村精神文明和优秀农耕文化建设。指导农业行业安全生产工作。 （3）指导乡村特色产业、农产品加工业、休闲农业和乡镇企业发展工作。提出促进大宗农产品流通的建议，培育、保护农业品牌。发布农业农村经济信息，监测分析农业农村经济运行，承担农业统计和农业农村信息化有关工作。 （4）负责种植业、畜牧业、渔业、农垦、农业机械化等农业各产业的监督管理。指导粮食等农产品生产。组织构建现代农业产业体系、生产体系、经营体系，指导农业标准化生产。负责双、多边渔业谈判和履约工作。负责远洋渔业管理和渔政渔港监督管理。 （5）组织农业资源区划工作。指导农用地、渔业水域以及农业生物物种资源的保护和管理。负责水生野生动植物保护、耕地和永久基本农田质量保护工作，指导农产品产地环境管理和农业清洁生产。指导设施农业、生态循环农业、节水农业发展以及农村可再生能源综合开发利用、农业生物质产业发展。牵头管理外来物种。 （6）负责有关农业生产资料和农业投入品的监督管理。组织农业生产资料市场体系建设，拟订有关农业生产资料国家标准并监督实施。制定兽药质量、兽药残留限量和残留检测方法国家标准并负责发布。 （7）负责农业投资管理。提出农业投融资体制机制改革建议。编制中央投资安排的农业投资项目建设规划，提出农业投资规模和方向、扶持农业农村发展财政项目的建议，按照国务院规定权限审批农业投资项目，负责农业投资项目资金安排和监督管理
住房和城乡建设部	（1）承担建立科学规范的工程建设标准体系。组织制定工程建设实施阶段的国家标准，制定和发布工程建设全国统一定额和行业标准，拟订建设项目可行性研究评价方法、经济参数、建设标准和工程造价的管理制度，拟订公共服务设施（不含通信设施）建设标准并监督执行，指导监督各类工程建设标准定额和工程造价计价的制定，组织发布工程造价信息。 （2）研究拟订城市建设的政策、规划并指导实施，指导城市市政公用设施建设、安全和应急管理，拟订全国风景名胜区的发展规划、政策并指导实施，负责国家级风景名胜区的审查报批和监督管理，组织审核世界自然遗产的申报，会同文物等有关主管部门审核世界自然与文化双重遗产的申报，会同文物主管部门负责历史文化名城（镇、村）的保护和监督管理工作。 （3）承担规范村镇建设、指导全国村镇建设的责任。拟订村庄和小城镇建设政策并指导实施，指导村镇规划编制、农村住房建设和安全及危房改造，指导小城镇和村庄人居生态环境的改善工作，指导全国重点镇的建设
水利部	（1）负责保障水资源的合理开发利用。拟订水利战略规划和政策，起草有关法律法规草案，制定部门规章，组织编制全国水资源战略规划、国家确定的重要江河湖泊流域综合规划、防洪规划等重大水利规划。 （2）负责生活、生产经营和生态环境用水的统筹和保障。组织实施最严格水资源管理制度，实施水资源的统一监督管理，拟订全国和跨区域中长期水供求规划、水量分配方案并监督实施。负责重要流域、区域以及重大调水工程的水资源调度。组织实施取水许可、水资源论证和防洪论证制度，指导开展水资源有偿使用工作。指导水利行业供水和乡镇供水工作。 （3）指导水资源保护工作。组织编制并实施水资源保护规划。指导饮用水水源保护有关工作，指导地下水开发利用和地下水资源管理保护。组织指导地下水超采区综合治理。 （4）负责节约用水工作。拟订节约用水政策，组织编制节约用水规划并监督实施，组织制定有关标准。组织实施用水总量控制等管理制度，指导和推动节水型社会建设工作。

监管部门	与环境管理相关的主要职责
水利部	（5）指导水文工作。负责水文水资源监测、国家水文站网建设和管理。对江河湖库和地下水实施监测，发布水文水资源信息、情报预报和国家水资源公报。按规定组织开展水资源、水能资源调查评价和水资源承载能力监测预警工作。 （6）负责水土保持工作。拟订水土保持规划并监督实施，组织实施水土流失的综合防治、监测预报并定期公告。负责建设项目水土保持监督管理工作，指导国家重点水土保持建设项目的实施。 （7）指导农村水利工作。组织开展大中型灌排工程建设与改造。指导农村饮水安全工程建设管理工作，指导节水灌溉有关工作。协调牧区水利工作。指导农村水利改革创新和社会化服务体系建设。指导农村水能资源开发、小水电改造和水电电气化工作。 （8）负责重大涉水违法事件的查处，协调和仲裁跨省、自治区、直辖市水事纠纷，指导水政监察和水行政执法。依法负责水利行业安全生产工作，组织指导水库、水电站大坝、农村水电站的安全监管。指导水利建设市场的监督管理，组织实施水利工程建设的监督
自然资源部	（1）履行全民所有土地、矿产、森林、草原、湿地、水、海洋等自然资源资产所有者职责和所有国土空间用途管制职责。拟订自然资源和国土空间规划及测绘、极地、深海等法律法规草案，制定部门规章并监督检查执行情况。 （2）负责自然资源调查监测评价。制定自然资源调查监测评价的指标体系和统计标准，建立统一规范的自然资源调查监测评价制度。实施自然资源基础调查、专项调查和监测。负责自然资源调查监测评价成果的监督管理和信息发布。指导地方自然资源调查监测评价工作。 （3）负责自然资源的合理开发利用。组织拟订自然资源发展规划和战略，制定自然资源开发利用标准并组织实施，建立自然资源价格政府公示制度，组织开展自然资源分等定级价格评估，开展自然资源利用评价考核，指导节约集约利用。负责自然资源市场监管。组织研究自然资源管理涉及宏观调控、区域协调和城乡统筹的政策措施。 （4）负责建立空间规划体系并监督实施。推进主体功能区战略和制度，组织编制并监督实施国土空间规划和相关专项规划。开展国土空间开发适宜性评价，建立国土空间规划实施监测、评估和预警体系。组织划定生态保护红线、永久基本农田、城镇开发边界等控制线，构建节约资源和保护环境的生产、生活、生态空间布局。建立健全国土空间用途管制制度，研究拟订城乡规划政策并监督实施。组织拟订并实施土地、海洋等自然资源年度利用计划。负责土地、海域、海岛等国土空间用途转用工作。负责土地征收征用管理。 （5）负责统筹国土空间生态修复。牵头组织编制国土空间生态修复规划并实施有关生态修复重大工程。负责国土空间综合整治、土地整理复垦、矿山地质环境恢复治理、海洋生态、海域海岸线和海岛修复等工作。牵头建立和实施生态保护补偿制度，制定合理利用社会资金进行生态修复的政策措施，提出重大备选项目。 （6）负责组织实施最严格的耕地保护制度。牵头拟订并实施耕地保护政策，负责耕地数量、质量、生态保护。组织实施耕地保护责任目标考核和永久基本农田特殊保护。完善耕地占补平衡制度，监督占用耕地补偿制度执行情况。 （7）管理国家林业和草原局
国家林业和草原局	（1）负责林业和草原及其生态保护修复的监督管理。 （2）组织林业和草原生态保护修复和造林绿化工作。 （3）负责森林、草原、湿地资源的监督管理。 （4）负责监督管理荒漠化防治工作。 （5）负责陆生野生动植物资源的监督管理。 （6）负责监督管理各类自然保护地

《中华人民共和国环境保护法》（以下简称新《环保法》）规定：县级以上地方人民

政府环境保护主管部门，对本行政区域环境保护工作实施统一监督管理。农业农村部的三定方案中规定"带头组织改善农村人居环境"。而在地方实际工作中，农村生态环境保护的职能需要生态环境、住建、水利、自然资源等众多部门协调配合，亟须建立具体的、切实有效的协调机制，形成农村环境监管的合力。

同时，近年来，生态环境部依托农村环境保护"以奖促治"政策的推进，强化了农村环境保护监管方面的能力，大多数省级部门都建立了农村处，但市、县级很少有农村处。我国生态环境管理机构的设置，呈现从中央到地方依次递减的状态，即中央环境监督管理能力强大，有数量多、规模大的环境管理机构，而且有先进的环境保护设施，专业技术过硬、充足的技术人员；而到了地方，环境管理机构数量少且规模小，环境保护设施落后，专业技术人员缺乏，但层级越往下，具体工作越多。从机构人员与工作量对比情况来看，出现的是省、市、县倒挂的情况，因而基层部门对农村环境监管能力十分薄弱。

3.1.2.2　环境监管的对象

环境监管的对象主要是政府部门、企业和个人的环境行为。

3.1.2.2.1　政府部门

《环保法》规定，地方各级人民政府应当对本行政区域的环境质量负责；县级、乡级人民政府应当提高农村环境保护公共服务水平，推动农村环境综合整治。

同时，《环保法》还规定，县级以上地方人民政府环境保护主管部门，对本行政区域环境保护工作实施统一监督管理。但由于没有具体有效的监督机制，生态环境部门对地方政府和其他负有环境保护职责的相关部门的监督难以实现，例如地方政府提供农村公共服务不足，重视经济发展而对企业排污行为有所包庇等。

3.1.2.2.2　企业

在农村地区的企业主要是乡镇企业，这些企业大多属于"十五小"企业，生产工艺落后、污染治理意愿不强，再加上农村地区范围广、基层环保执法力量薄弱，导致乡镇工业污染十分严重。

我国各级政府已经认识到这个问题，从 2003 年开始开展了整治违法排污企业的专项活动，其中重点就是对农村"十五小"企业进行整治，从整治的效果看，目前乡镇企业的污染已经基本得到遏制。由此可见，对于工业污染防治，我国已经有了比较完善有效的监管制度和模式，只有破除地方政府保护、加大环境监管力度，才能取得比较好的效果。

3.1.2.2.3　个人

农村环境是以农村居民点为中心的自然和人工环境的总称，因此农民日常的生产生活行为是影响农村人居环境的主要因素之一。众多的研究表明，农村经济社会的发展和农民生产生活方式的转变，造成了农村生活环境污染、农用化学品带来的面源污染、畜禽养殖污染大量出现。这些个体造成的农村污染源小而多、范围广而散，导致现有的环境监管执行成本很高、效率较低。

3.1.2.3 环境监管的手段

现有的环境监管手段主要包括法律手段、行政手段、经济手段等方面。

3.1.2.3.1 法律手段

现行环境法律法规体系仍是以城市和工业点源污染防治为主，在农村地区缺乏实施的基础和条件。不同时期出台的农村环境保护政策大都是以规范性文件的形式或只在专门的规划中提及，目前专门针对农业、农村环境保护的全国性法规只有《畜禽规模养殖污染防治条例》一部，其余散见在其他法律法规中的规定往往由于缺乏可操作性的政策手段而难以产生实质效果。

3.1.2.3.2 行政手段

行政手段基本采取事后监管的方式，这种方式对于行政管理部门的要求较高，需要较完备的人力、物力和技术力量，还需要掌握较完备的信息。从农村基层环保机构现状看，人、财、物等方面都不能满足要求，同时在农村复杂的环境状况下污染信息的获取成本也很高，导致基层环保部门无力进行行政监管。

3.1.2.3.3 经济手段

现行的环境经济手段例如排污收费制度、罚款制度等，由于农村环境污染的分散性、隐蔽性和随机性，且大多数为农民个人行为，很难对责任主体进行收费或处罚。

3.2 典型农村人居环境现状调研

农村人居环境的重要性、特殊性、复杂性以及目前面临的新情况、新问题，要求本研究必须重视实地的现状调研。

3.2.1 典型农村的选取

3.2.1.1 我国农村的基本特征

3.2.1.1.1 占地及人口比例大

《中国农村统计年鉴》未独立明确我国农村面积，因此本研究根据《中国城市统计年鉴》《中国城乡建设统计年鉴》数据进行了推算。根据《中国城乡建设统计年鉴（2014

年)》《中国城市统计年鉴（2014 年）》，全国城市（含县级市）总面积为 4 779 788 km^2，其中市辖区面积 673 123 km^2，建成区面积为 47 855 km^2。全国地级市以上城市市辖区面积占国土面积的 7.01%，建成区面积占国土面积的 0.50%。全国县城建成区面积为 19 503 km^2，占国土面积的 0.20%。二者合计，我国各级城市建成区面积占国土面积的 0.70%。除去城市建成区，则其他地区一般可确定为农村，则我国农村面积占国土面积比例达 99.3%。若扩大口径，县级市建成区与地级以上城市市辖区面积，只有 704 031 km^2，占国土面积比例的 7.33%，按此统计，农村面积仍达到国土面积的 92.67%。

根据《中国统计年鉴（2015）》，2014 年年末内地总人口为 136 782 万人，比上年年末增加 710 万人，其中城镇常住人口为 74 916 万人，占总人口比重为 54.77%，比上年年末提高 1.04 个百分点（表 3-2）。

表 3-2　全国乡村人口和乡村就业人员情况

年份	乡村人口数/万人	占总人口比重/%	乡村就业人数 （年末）/万人	第一产业人数/万人	所占比重/%
1978	79 014	82.1	30 638	28 318	92.4
1992	84 996	72.5	48 291	38 699	80.1
2002	78 241	60.9	48 121	36 640	76.1
2003	76 851	59.5	47 506	36 204	76.2
2004	75 705	58.2	46 971	34 830	74.2
2005	74 544	57.0	46 258	33 442	72.3
2006	73 160	55.7	45 348	31 941	70.4
2007	71 496	54.1	44 368	30 731	69.3
2008	70 399	53.0	43 461	29 923	68.9
2009	68 938	51.7	42 506	28 890	68.0
2010	67 113	50.1	41 418	27 931	67.4
2011	65 656	48.7	40 506	26 594	65.7
2012	64 222	47.4	39 602	25 773	65.1
2013	62 961	46.3	38 737	24 171	62.4
2014	61 866	45.2	37 943	22 790	60.1

注：1. 本表人口 1981 年及以前数据为户籍统计数；1982 年、1990 年、2000 年、2010 年人口数据为当年人口普查数据推算数；其余年份人口数据为在年度人口抽样调查基础上，根据人口普查数据修订数。

2. 本表全国乡村就业人数 1990 年及以后的数据为根据劳动力调查、人口普查的推算数，2001 年及以后数据根据第六次人口普查重新修订，因此与相应年份的分地区、分登记注册类型、分行业资料的分项数据之和不一致。

3.2.1.1.2　城乡发展差距大

新中国成立时基础薄弱。从经济总量看，1949 年我国工农业总产值只有 466 亿元；从产业结构和就业结构来看，工业就业人口数量只占 10%，90% 的人口在农村生活、就业。受国际政治经济环境的极大制约，我国启动工业化和推进现代化所需要的原始积累依靠农业、农村来完成。为了顺利实现"工农业产品剪刀差"对农业剩余的抽取，在工业化初期，我国在农产品的生产、流通和消费领域进行了一系列的变革，建立了相应的制度。我国城乡二元经济体制产生的深层次原因是城市偏向重工业优先发展战略，开始于二元的户籍制度，通过社会保障制度、粮食和副食品配给制度、教育制度、政治制度等一系列配套制度，城乡二元制度逐步得到强化，农民的权利被漠视，逐步走向边缘化。城乡二元体制从 20 世纪 50 年代到 1978 年的改革开放，通过一系列的制度体系逐步强化，具有明显的制度规模效应。

改革开放之后，随着人民公社制度和农产品统购统销制度的废止，我国城乡二元体制在一定程度上产生了松动，此后，随着社会主义市场经济体系的建设，二元体制进一步松动。伴随着工农关系、城乡关系理论的创新，我国从 2003 年开始出台了一系列旨在瓦解城乡二元体制、实现城乡融合和协调发展的政策和制度安排，城乡关系有了很大的改善。首先，要素自由流动的制度性障碍显著减少，劳动力自由流动规模日益扩大，城乡统一的劳动力市场逐步建立，农民的就业空间和增收渠道越来越多。其次，农村公共服务水平大幅度提高，城乡公共均等化趋势加速。最后，支持农业农村发展的政策和制度安排相继出台，农业农村发展环境明显改善。国家对农业农村税费的大幅度减免，对农业补贴大幅度的增加，建立健全了农业支持保障体系。在此期间，我国城乡二元体制已经发生了严重动摇。

2008 年，党的十七届三中全会对促进我国城乡经济社会一体化发展进行了全面的战略部署。全会通过的《中共中央关于推进农村改革发展若干重大问题的决定》指出："我国总体上已经进入以工促农、以城带乡的发展阶段，进入加快改造传统农业、走中国特色农业现代化道路的关键时刻，进入着力破除城乡二元结构、形成城乡经济社会发展一体化新格局的重要时期""尽快在城乡规划、产业布局、基础设施建设、公共服务一体化等方面取得突破，促进公共资源在城乡之间均衡配置、生产要素在城乡之间自由流动，推动城乡经济社会发展融合"，到 2020 年城乡经济社会发展一体化体制机制基本建立。尽管如此，我国长期形成的城乡二元体制仍沉重束缚着农村的各项事业的发展。以公共支出的规模与结构来衡量公共服务的水平，我国用于农村的公共支出包括两个方面：一是国家财政对农村的公共支出主要包括支援农村生产支出和农林气象等部门的事业费、农林基本建设支出、农业科技 3 项费用以及农业救济费等 4 个主要部分。根据《中国财政年鉴》及《中国统计年鉴》，从总量上看，国家财政对农村的公共支出几乎呈逐年上升的趋势。在 1978 年，该项支出仅为 150.66 亿元人民币，而到 2004 年，该项支出已达到 2357.89 亿元人民币。但与支出规模的大幅度上涨不同，国家农业支出占财政总支出比例却存在一定程度的下降。到 2003 年，该项支出占总支出的比例已经由 1978 年的 13.43%下降到 7.12%。而农村环保投资更是少之又少，严重影响了农村的环境改善；二是用于农村人口的文教卫生事业支出，约占财政支出的 5.5%。两项合计占全国财政总支出仅为 15%，也就是说，占我国总人口 65% 的农民只使用了 15% 的政府财政支出。而农村环保投资更是少之又少，严重影响了农村的环境改善（表 3-3、表 3-4）。

表 3-3　农村经济在国民经济中的地位

年份	国内生产总值/亿元	第一产业产值/亿元	所占比重[①]/%	社会消费品零售额/亿元	县及县以下消费品零售额/亿元	所占比重[②]/%
1978	3 650.2	1 018.4	27.9	1 759.1	1 092.4	62.1
1982	5 333.0	1 761.6	33.1	2 867.1	1 817.4	63.4
1992	27 068.3	5 800.0	21.4	12 312.2	5 946.7	48.3
2002	121 002.0	16 188.6	13.4	55 076.4	17 016.7	30.9
2003	136 564.6	16 968.3	12.4	59 343.8	17 775.0	30.0
2004	160 714.4	20 901.8	13.0	66 587.0	19 232.6	28.9
2005	185 895.8	21 803.5	11.7	75 232.4	20 912.0	27.8
2006	217 656.6	23 313.0	10.7	84 119.1	22 639.6	26.9
2007	268 019.4	27 783.0	10.4	99 793.3	25 588.5	25.6
2008	316 751.7	32 747.0	10.3	115 338.3	28 840.7	25.0
2009	345 629.2	34 154.0	9.9	126 660.9	30 666.2	24.2
2010	408 903.0	39 354.6	9.6	146 057.6	33 610.3	23.0
2011	484 123.5	46 153.3	9.5	176 532.0	41 075.3	23.3
2012	534 123.0	50 892.7	9.5	198 536.8	45 222.8	22.8
2013	588 018.8	55 321.7	9.4	219 762.5	49 432.1	22.5
2014	636 138.7	58 336.1	9.2	242 927.4	54 574.1	22.5

注：①为第一产业产值占国内生产总值比重；
　　②为县及县以下消费品零售额占社会消费品零售额的比重。

表 3-4　我国财政支农支出状况

年份	全国财政收入/亿元	全国财政支出/亿元	支农支出/亿元	所占比重[①]/%
1978	1 132.3	1 122.1	49.4	4.4
1982	1 212.3	1 230.0	120.5	9.8
1992	3 483.4	3 742.2	376.0	10.0
2002	18 903.6	22 053.2	1 580.8	7.2
2003	21 715.3	24 649.9	1 754.5	7.1
2004	26 396.5	28 486.9	2 337.6	8.2
2005	31 649.3	33 930.3	2 450.3	7.2
2006	38 760.2	40 422.7	3 173.0	7.9
2007	51 321.8	49 781.4	4 318.3	8.7
2008	61 330.4	62 592.7	5 955.5	9.5
2009	68 518.3	76 299.9	7 253.1	9.5
2010	83 101.5	89 874.2	8 579.7	9.5
2011	103 874.4	109 247.7	10 497.7	9.6

年份	全国财政收入/亿元	全国财政支出/亿元	支农支出/亿元	所占比重[①]/%
2012	117 253.5	125 953.0	12 387.6	9.8
2013	129 209.6	140 212.1	13 349.6	9.5
2014	140 370.0	151 785.6	14 173.8	9.3

注：①为支农支出占全国财政支出的比重。

2014 年全国财政支出 151 785.6 亿元，其中支农支出 14 173.8 亿元，仅占总支出的 9.3%。2012 年我国农村居民家庭人均纯收入为 9 892 元，仅占城镇居民家庭人均可支配收入（29 381 元）的 33.7%。

3.2.1.1.3 农村内部差距大

我国各地自然条件和交通、人文等差异巨大，各地社会经济发展水平迥异。由表 3-5 可知，我国农村居民中平均家庭人均纯收入最高的上海市达 21 191.6 元，是平均家庭人均纯收入最低的甘肃省 6 276.2 元的 3.38 倍。

表 3-5 2014 年我国各省（区、市）农民经济收入状况　　　　单位：元/年

省（区、市）	人均纯收入	省（区、市）	人均纯收入	省（区、市）	人均纯收入
北京	18 867.3	安徽	9 916.4	重庆	9 489.8
天津	17 014.2	福建	12 650.2	四川	9 347.7
河北	10 186.1	江西	10 116.6	贵州	6 671.2
山西	8 809.4	山东	11 882.3	云南	7 456.1
内蒙古	9 976.3	河南	9 966.1	西藏	7 359.2
辽宁	11 191.5	湖北	10 849.1	陕西	7 932.2
吉林	10 780.1	湖南	10 060.2	甘肃	6 276.2
黑龙江	10 453.2	广东	12 245.6	青海	7 282.7
上海	21 191.6	广西	8 683.2	宁夏	8 410.0
江苏	14 958.4	海南	9 912.6	新疆	8 723.8
浙江	19 373.3	全国平均[①]			10 488.9

注：①该数据不含港、澳、台地区。

3.2.1.2 我国农村生态经济分区

我国农村分布区域广，自然社会经济条件迥异，以现有的农村生态经济区划成果为基础，兼顾了各类区划中的地区经济社会发展水平，本研究将农村地区分为三大区块，分别为：东部农村地区、中部农村地区和西部农村地区。

东部农村地区：以长三角、珠三角、环渤海等地区为典型代表，该地区经济发达，人口稠密，目前正处于转变经济发展方式和实现"两个率先"目标的关键时期；该区农村工业化和城乡一体化进程明显；产业结构逐步优化，三产比例、重工业和轻工业比例渐

趋协调；农村基础设施比较完善，新农村建设已有一定基础；但该区乡镇工业发展与生态环境之间的矛盾突出，农业面源污染严重，农村人居环境特别是水环境问题较为突出。

中部农村地区：以中部六省为典型代表，该地区经济发展处于中等水平，人口众多，自然资源丰富，农业特别是粮食生产优势明显，生态环境容量较大。但该区"三农"问题突出，农业稳定发展和农民持续增收难度增大，统筹城乡发展任务繁重；农村人居环境建设相对落后，农村生态保护和环境治理任务较重。

西部农村地区：以西北、西南为典型代表，该区经济相对落后，自然条件较差，特别是西北地区，气候干燥，生态环境容量较小，该区农村经济发展水平与城市差距很大，农村环境保护基础设施落后。

3.2.1.3 典型农村的选取原则

典型农村的选取原则：

1）能够代表东部、中部、西部的典型农村生态经济区；
2）经济发展水平在各区处于中等偏上位置；
3）农村生态环境建设工作有一定的基础；
4）区域范围适中；
5）地方政府能够配合支持项目组开展工作。

根据上述原则，本研究选择江苏省宜兴市、湖南省长沙县金井镇、宁夏回族自治区银川市西夏区和四川省眉山市洪雅县 4 个典型区，分别代表东部农村经济区、中部农村经济区、西部农村经济区开展示范研究。同时，项目组对宜兴市湖㲼镇、长沙县金井镇、银川市西夏区镇北堡镇进行深入的调查与联动分析，构建县（市/区）—乡镇为单元的新农村人居环境质量评估与监管技术示范区。

3.2.2 东部典型农村人居环境质量及监管现状

选择江苏省宜兴市作为东部地区农村的典型区，对当地的农村环境质量现状、监管现状与监管需求等内容进行了深入的调查和分析。

3.2.2.1 宜兴市概况

宜兴地处江苏省南部，位于沪、宁、杭三角中心，东临太湖，北接滆湖，河网交错，是著名的鱼米之乡，随着经济水平的提高，广大农村居民对环境质量有着强烈的诉求，特殊的自然地理条件也决定了该地开展农村环境质量评估的紧迫性。此外，宜兴市已开展了农村环境综合整治和农村环境质量试点监测工作。

3.2.2.2 宜兴市农村人居环境质量状况

3.2.2.2.1 水环境质量概况

（1）地表水环境质量概况

宜兴市在 2009 年、2010 年对全市 293 个农村地表水体断面进行了监测，分为水环境功能区、乡镇河流、行政村河流 3 个部分，其中水环境功能区断面 15 个，乡镇河流断面 19 个，行政村河流断面 259 个，综合达标率为 20.1%～63.3%（表 3-6）。

表 3-6　农村地表水环境质量试点监测状况

时间		水环境功能区	乡镇河流	行政村河流	综合达标率/%
2009 年	上半年	达标率为 0，15 个断面均为劣 V 类，除去 TN，只有 1 个断面达标，达标率为 6.67%，劣 V 类断面 9 个	达标断面 6 个，达标率 31.6%，劣 V 类断面 13 个，占 68.4%	达标断面 129 个，达标率 49.8%，V 类断面 24 个，占 9.3%，劣 V 类断面 109 个，占 42.1%	20.1
	下半年	达标率为 0，13 个断面为劣 V 类，除去 TN，只有 4 个断面达标，达标率为 26.7%，劣 V 类断面 2 个	达标断面 16 个，达标率 84.2%，V 类断面 3 个，占 15.8%	达标断面 206 个，达标率 79.5%，V 类断面 27 个，占 10.4%，劣 V 类断面 25 个，占 9.7%	48.8
2010 年	上半年	达标断面 3 个，达标率为 20%，除去 TN，7 个断面达标，V 类断面 5 个，劣 V 类断面 3 个	达标断面 15 个，达标率 78.9%，V 类、劣 V 类断面 4 个，占 21.1%	达标断面 158 个，达标率 61.0%，V 类断面 20 个，占 7.7%，劣 V 类断面 81 个，占 31.3%	40.0
	下半年	达标断面 7 个，达标率为 46.7%，除去 TN，13 个断面达标，V 类断面 1 个，劣 V 类断面 1 个	达标断面 17 个，达标率 89.5%，V 类断面 2 个，占 10.5%	达标断面 225 个，达标率 86.9%，V 类断面 20 个，占 7.7%，劣 V 类断面 14 个，占 5.4%	63.3

2013—2015 年，宜兴市开展农村地表水环境质量试点监测工作。

2013 年，宜兴市选取周铁镇洋溪村的洋溪河作为地表水监测点，断面选在洋溪桥，监测结果显示，TN 指标为劣 V 类，TP 指标为 V 类，其他指标为III类。

2014 年，在宜兴市湖㳇镇选取了 5 个点位，开展了农村地表水环境质量监测，监测结果显示，所有点位 BOD_5 均为 V 类水质，开展 TN 监测的 2 个点位为劣 V 类，其他指标为Ⅲ类（表 3-7）。

表 3-7　2014 年湖汊镇地表水环境质量监测结果

监测项目	采样地点及编号				
	洑西村蓄水池	张公河	湖汊大河	洑西涧	永红涧
水温/℃	24.6	—			
pH（量纲一）	6.96	7.24	7.26	7.23	7.11
DO/（mg/L）	7.60	7.65	7.20	7.60	7.55
高锰酸盐指数/（mg/L）	0.99	1.80	1.83	1.41	1.15
BOD_5/（mg/L）	8.2	7.4	7.3	9.1	7.4
COD/（mg/L）	12.0	16.0	12.0	24.0	16.0
NH_3-N/（mg/L）	0.025	0.025	0.23	0.025	0.025
挥发酚/（mg/L）	0.003	0.005	0.008	0.002	0.002
氟化物/（mg/L）	0.081	—	—	—	—
氰化物/（mg/L）	0.004	0.004	0.004	0.004	0.004
TAs/（ug/L）	0.323	—	—	—	—
THg/（ug/L）	0.05	—	—	—	—
TCd/（mg/L）	0.01	—	—	—	—
Cr^{6+}/（mg/L）	0.004	—	—	—	—
TPb/（mg/L）	0.04	—	—	—	—
硝酸盐氮/（mg/L）	3.50	—	—	—	—
石油类/（mg/L）	0.04	0.04	0.06	0.04	0.04
粪大肠菌群/（个/L）	<20	—	—	—	—
TP/（mg/L）	0.01	0.01	0.090	0.01	0.026
TN/（mg/L）	4.31	4.67	—	—	—
氯化物/（mg/L）	3.20	—	—	—	—
Fe/（mg/L）	0.03	—	—	—	—
Mn/（mg/L）	0.023	—	—	—	—
Cu/（mg/L）	0.01	—	—	—	—
Zn/（mg/L）	0.01	—	—	—	—
Se/（ug/L）	0.25	—	—	—	—
LAS/（mg/L）	0.05	—	—	—	—
硫化物/（mg/L）	0.005	—	—	—	—
硫酸盐/（mg/L）	14.9	—	—	—	—

注：LAS 为阴离子表面活性剂。

2015 年，宜兴市选择潘家坝、陈东港两个断面开展农村地表水环境质量试点监测，监测结果显示，除 TN 外，其他监测指标均达到Ⅳ类水质（表 3-8、表 3-9）。

表 3-8　2015 年宜兴市潘家坝断面农村地表水环境质量试点监测数据

监测指标	2015.1.4	2015.5.5	2015.9.1	2015.10.9
水温/℃	8.10	23.3	29.0	21.5
pH（量纲一）	7.53	7.53	7.35	7.25
DO/（mg/L）	7.7	5.4	4.9	4.8
COD/（mg/L）	21.0	17.8	14.0	<10
高锰酸盐指数/（mg/L）	7.3	6.2	6.0	4.2
BOD_5/（mg/L）	3.6	2.4	1.9	2.0
NH_3-N/（mg/L）	1.44	0.59	0.09	0.10
TP/（mg/L）	0.21	0.24	0.20	0.18
TN（湖库）/（mg/L）	3.72	3.51	1.71	2.10
Cu/（mg/L）	0.006	0.010	0.002	0.008
Zn/（mg/L）	0.02	0.02	0.02	0.02
氟化物/（mg/L）	0.78	0.76	0.48	0.66
Se/（mg/L）	0.000 5	0.000 5	0.000 4	0.000 4
As/（mg/L）	0.000 5	0.000 5	0.000 3	0.000 3
Hg/（mg/L）	0.000 05	0.000 05	0.000 04	0.000 04
Cd/（mg/L）	0.000 2	0.000 2	0.000 2	0.000 2
Cr^{6+}/（mg/L）	0.004	0.004	0.004	0.004
Pb/（mg/L）	0.002	0.002	0.002	0.002
氰化物/（mg/L）	0.001	0.001	0.001	0.001
挥发酚/（mg/L）	0.001	0.001	0.000 3	0.000 3
石油类/（mg/L）	0.06	0.06	0.03	0.05
LAS/（mg/L）	0.13	0.05	0.09	0.05
硫化物/（mg/L）	0.034	0.011	0.015	0.009
粪大肠菌群/（个/L）	2 700	7 900	7 000	3 300
水质类别	Ⅳ	Ⅳ	Ⅳ	Ⅳ

表 3-9　2015 年宜兴市陈东港断面农村地表水环境质量试点监测数据

监测指标	2015.1.5	2015.5.4	2015.9.1	2015.10.8
水温/℃	8.25	23.1	29.1	21.4
pH（纲量一）	7.58	7.50	7.30	7.28
DO/（mg/L）	7.9	6.3	4.9	4.4
COD/（mg/L）	18.3	30.0	14.3	16.0
高锰酸盐指数/（mg/L）	5.4	6.2	4.8	4.7
BOD_5/（mg/L）	4.1	2.7	3.6	2.3
NH_3-N/（mg/L）	1.24	0.63	0.57	0.68
TP/（mg/L）	0.24	0.13	0.16	0.16
TN（湖库）/（mg/L）	3.70	2.48	2.35	3.29
Cu/（mg/L）	0.006	0.009	0.003	0.004
Zn/（mg/L）	0.02	0.02	0.02	0.02
氟化物/（mg/L）	0.74	0.72	0.64	0.64
Se/（mg/L）	0.000 5	0.000 5	0.000 4	0.000 45
As/（mg/L）	0.000 5	0.000 5	0.000 3	0.000 3
Hg/（mg/L）	0.000 05	0.000 05	0.000 04	0.000 04
Cd/（mg/L）	0.000 4	0.000 3	0.000 2	0.000 4
Cr^{6+}/（mg/L）	0.004	0.004	0.004	0.004
Pb/（mg/L）	0.002	0.002	0.002	0.002
氰化物/（mg/L）	0.001	0.001	0.001	0.001
挥发酚/（mg/L）	0.001	0.001	0.000 3	0.000 3
石油类/（mg/L）	0.04	0.04	0.04	0.05
LAS/（mg/L）	0.08	0.11	0.06	0.10
硫化物/（mg/L）	0.017	0.012	0.018	0.011
粪大肠菌群/（个/L）	3 400	3 400	4 600	7 900
水质类别	IV	IV	IV	IV

从上述例行监测和农村地表水试点监测结果来看，宜兴市农村地表水环境质量从 2013 年开始有了明显改善，大部分断面都能达到地表水功能区划的要求，主要超标指标为总氮和 BOD_5。

（2）地下水环境质量概况

宜兴市尚未开展农村地区地下水例行监测工作，因此选取湖㳇镇张阳村、洑西村、大东村开展地下水环境质量监测，监测项目包括 pH、高锰酸盐指数、NH_3-N、挥发酚、氰化物、TAs、THg、TCd、TPb、硝酸盐氮、粪大肠菌群、氯化物、Fe、Mn、硫酸盐（表 3-10）。

监测结果显示，除挥发酚、NH_3-N、Fe、Mn、粪大肠菌群外的其他监测指标均达到地下水III类标准；大东村、狄西村民用井中挥发酚达到IV类水标准；狄西村民用井 NH_3-N 达到IV类标准，大东村民用井 NH_3-N 超过V类标准；张阳村、狄西村民用井 Fe 达到IV 类标准，大东村民用井 Fe 达到III类标准；大东村民用井 Mn 达到IV类标准；三个监测点位的粪大肠菌群均超过V类标准。

表 3-10   湖㳇镇地下水监测数据

监测项目	采样地点		
	张阳村村民用井	狄西村村民用井	大东村村民用井
pH（量纲一）	7.46	7.08	7.13
高锰酸盐指数/（mg/L）	1.15	2.08	2.15
NH_3-N/（mg/L）	0.13	0.44	4.56
挥发酚/（mg/L）	0.002	0.003	0.004
氰化物/（mg/L）	0.004	0.004	0.004
TAs（ug/L）	0.315	0.318	0.407
THg（ug/L）	0.05	0.05	0.05
TCd/（mg/L）	0.01	0.01	0.01
TPb/（mg/L）	0.04	0.04	0.04
硝酸盐氮/（mg/L）	6.02	2.78	0.801
粪大肠菌群/（个/L）	$9.2×10^4$	$9.2×10^4$	$1.6×10^5$
氯化物/（mg/L）	8.78	1.90	27.8
Fe/（mg/L）	0.577	0.916	0.190
Mn/（mg/L）	0.01	0.01	0.858
硫酸盐/（mg/L）	20.7	27.3	40.7

（3）集中式饮用水水环境质量概况

宜兴市集中式饮用水水源地主要有横山水库、油车水库，对其进行水质例行监测，监测项目为《地表水环境质量标准》（GB 3838—2002）中表 1、表 2 的 29 个项目，监测结果显示，除 TN 外的其他 28 项指标稳定达到了III类水质标准（表 3-11、表 3-12）。

表 3-11　2015 年横山水库饮用水水环境质量监测数据

监测指标	2015.1.4	2015.5.4	2015.9.1	2015.10.8
水温/℃	8.3	22.8	29.4	21.3
pH（量纲一）	8.40	7.81	7.12	7.55
DO/（mg/L）	11.8	7.7	9.3	9.0
COD/（mg/L）	<10	<10	<10	<10
高锰酸盐指数/（mg/L）	2.5	1.9	2.2	2.0
BOD_5/（mg/L）	1.4	1.3	2.1	0.9
NH_3-N/（mg/L）	0.04	0.04	0.025	0.06
TP/（mg/L）	0.03	0.02	0.02	0.02
TN/（mg/L）	1.05	2.19	1.45	2.22
Cu/（mg/L）	0.002	0.002	0.002	0.002
Zn/（mg/L）	0.02	0.02	0.02	0.02
氟化物/（mg/L）	0.16	0.15	0.16	0.11
Se/（mg/L）	0.000 5	0.000 5	0.000 4	0.000 4
As/（mg/L）	0.000 5	0.000 5	0.000 3	0.000 3
Hg/（mg/L）	0.000 05	0.000 05	0.000 04	0.000 04
Cd/（mg/L）	0.000 2	0.000 2	0.000 2	0.000 2
Cr^{6+}/（mg/L）	0.004	0.004	0.004	0.004
Pb/（mg/L）	0.002	0.002	0.002	0.002
氰化物/（mg/L）	0.001	0.001	0.001	0.001
挥发酚/（mg/L）	0.001	0.001	0.000 3	0.000 3
石油类/（mg/L）	0.04	0.04	0.02	0.04
LAS/（mg/L）	0.05	0.05	0.05	0.05
硫化物/（mg/L）	0.005	0.005	0.005	0.005
粪大肠菌群/（个/L）	40	20	<20	790
硫酸盐/（mg/L）	39	46.3	37.2	17.2
氯化物/（mg/L）	7.61	8.49	6.34	4.40
硝酸盐氮/（mg/L）	0.72	1.98	1.16	1.69
Fe/（mg/L）	0.15	0.14	0.18	0.21
Mn/（mg/L）	0.04	0.02	0.02	0.04
水质类别	III	II	II	II

表 3-12　2015 年油车水库饮用水水环境质量监测数据

监测指标	2015.1.4	2015.5.6	2015.9.1	2015.10.8
水温/℃	8.9	23.0	29.0	21.4
pH（量纲一）	8.47	7.76	7.51	7.62
DO/（mg/L）	11.9	7.8	9.0	9.2
COD/（mg/L）	<10	17.4	<10	<10
高锰酸盐指数/（mg/L）	1.0	1.5	1.8	3.5
BOD_5/（mg/L）	0.5L	1.5	1.9	1.2
NH_3-N/（mg/L）	0.03	0.25	0.03	0.07
TP/（mg/L）	0.02	0.03	0.02	0.02
TN/（mg/L）	1.68	2.29	2.00	1.70
Cu/（mg/L）	0.002	0.004	0.002	0.002
Zn/（mg/L）	0.02	0.02	0.02	0.02
氟化物/（mg/L）	0.13	0.12	0.13	0.18
Se/（mg/L）	0.000 5	0.000 5	0.000 4	0.000 4
As/（mg/L）	0.000 5	0.000 5	0.000 3	0.000 3
Hg/（mg/L）	0.000 05	0.000 05	0.000 04	0.000 04
Cd/（mg/L）	0.000 2	0.000 2	0.000 2	0.000 2
Cr^{6+}/（mg/L）	0.004	0.004	0.004	0.004
Pb/（mg/L）	0.002	0.002	0.002	0.002
氰化物/（mg/L）	0.001	0.001	0.001	0.001
挥发酚/（mg/L）	0.001	0.001	0.000 3	0.000 3
石油类/（mg/L）	0.03	0.03	0.03	0.03
LAS/（mg/L）	0.05	0.05	0.05	0.05
硫化物/（mg/L）	0.005	0.005	0.005	0.005
粪大肠菌群/（个/L）	60	<20	50	330
硫酸盐/（mg/L）	19.6	31.1	18.2	34.4
氯化物/（mg/L）	5.63	6.39	4.69	6.16
硝酸盐氮/（mg/L）	1.36	2.00	1.90	0.87
Fe/（mg/L）	0.16	0.16	0.22	0.18
Mn/（mg/L）	0.06	0.02	0.04	0.02
水质类别	III	III	II	II

3.2.2.2.2　环境空气质量概况

宜兴市目前已开展了农村环境空气质量试点监测工作。

2013 年，宜兴市环保局在周铁镇洋溪村开展环境空气质量监测，监测时间分别为 5 月、8 月、10 月，监测项目为 SO_2、NO_2、PM_{10}。监测结果显示，各项指标日均值达到了二类区环境质量标准。

2014 年 5 月 6 日至 10 日、8 月 6 日至 10 日、10 月 8 日至 12 日对周铁镇洋溪村、太华镇茂花村和丁蜀镇大港村的空气质量进行每天 24 小时连续监测，监测项目为 SO_2、NO_2 和 PM_{10}。按照《环境空气质量标准》（GB 3095—2012）24 h 平均浓度限值（二级标准）进行评价，周铁镇洋溪村环境空气中 SO_2 24 h 平均浓度为 0.029～0.048 mg/m³，NO_2 24 h 平均浓度为 0.032～0.045 mg/m³，PM_{10} 24 h 平均浓度为 0.062～0.095 mg/m³，均达到了《环境空气质量标准》（GB 3095—2012）24 h 平均浓度限值（二级标准）。

3.2.2.2.3　土壤环境质量概况

2013 年，宜兴市在周铁镇洋溪村内设 9 个监测点位，开展农村土壤环境质量试点监测，其中菜地布设 3 个点位、基本农田布设 3 个点位、居民区布设 3 个点位。监测项目为 pH、有机质含量、阳离子交换量、Cd、Hg、As、Pb、Cr、Cu、Zn、Ni、Se、V、Mn、Co、Ag、Ti、Sb 等无机污染物及六六六、DDT 等有机污染物。监测结果显示，各项指标均达到了《土壤环境质量标准》（GB 15618—1995）二级标准。

3.2.2.2.4　生态环境质量概况

宜兴市环境监测站按照江苏省环保厅和江苏省环境监测中心要求，使用 2012 年度资源一号 02C 星遥感影像数据，对宜兴市地表植被覆盖和土地利用情况进行高精度遥感解译，并对解译结果进行核查，执行《生态环境状况评价技术规范（试行）》（HJ/T 192—2006），对宜兴市生态环境质量进行评价，最终形成生态环境状况评价报告。经过数据处理计算，宜兴市的生态环境状况指数为 68.88，2011 年宜兴市生态环境质量级别为良。

3.2.2.2.5　人居环境建设概况

宜兴作为全国首批农村环境连片整治示范县（市、区）之一，通过大力实施农村生活污水处理、完善垃圾收集体系、村庄绿化美化整治等多项环境整治工程，改善了农村环境面貌，提升了农村环境管理水平，推进了新农村建设。2010—2012 年，已完成三期农村环境连片整治工程，累计投入资金 2.26 亿元，覆盖面积 234.77 km²，涵盖 32 个行政村，200 个自然村，总人口 11.03 万，受益人口 8.877 万，累计投入资金 24 710 万元。2013 年宜兴市编制完成《宜兴市农村环境综合整治规划（2013—2017）》，开展全覆盖拉网式农村环境综合整治试点建设。

（1）已建成大批环保基础设施，显著提升了农村的环保能力

围绕进一步提升污染集中处理能力，全力推进村级污水处理设施建设。通过采用四格式化粪池、无动力或有动力生态处理技术，因地制宜建设了一批村级污水处理工程，

建成各类生活污水处理设施 139 套。

全力推进垃圾处理体系建设。不断完善"组保洁、村收集、镇转运、市处理"的垃圾收运处理模式。农村生活垃圾无害化处理率达 100%。

采用秸秆发电、秸秆沼气、秸秆气化集中供气等能源利用方式，加强秸秆综合利用，减少秸秆焚烧造成的大气污染。2012 年，秸秆综合利用量 40.48 万 t，综合利用率为 91.69%。2015 年上半年，秸秆综合利用量达到 13.71 万 t，综合利用率达到 92.3%。

持续推进畜牧养殖整治工程。2013 年完成新建规模畜禽养殖场整治工程 28 处，通过沼气工程及"三分离一净化"处理设施的建设，提高粪污、沼肥的资源化利用率，实现畜禽养殖场污染物"减量化、无害化、资源化、生态化"。

全面实施农业面源污染防治工程。围绕改善农业和农村生态环境，大力推进湿地生态修复、水生植物生态修复、林业生态修复、池塘循环水养殖四大工程，提高农业对生态修复的贡献率。2015 年，已完成漏湖南部湿地生态修复两项工程：芳桥镇阳山荡湿地修复工程和都山荡湿地修复一期工程，并在太湖主要入湖河道上溯 10 km 两侧坡岸及邻近 50 m 区域内建成以乔木为主的防护林带，建成了 1 866.67 hm^2 的循环水养殖项目，有力减少农业面源污染对水环境的污染。

（2）环保基础设施存在长效管理滞后等问题

2013 年，宜兴市对周铁镇、新庄街道、太华镇 3 个镇（街道）的 23 座农村生活污水处理设施和 8 家畜禽养殖集中治理设施进行现场取样监测。农村生活污水处理设施监测项目包括 COD、NH$_3$-N、TN、TP；畜禽养殖集中治理设施监测项目增加粪大肠菌群项目。全年共监测农村生活污水处理设施 86 座次，监测畜禽养殖集中处理设施 28 座次。

1）农村生活污水处理设施监测

①第一季度。一季度共监测污水处理设施 17 座，其中，停运、无法监测的设施 6 座，占监测总数的 35.3%；只能采集到出水的 1 座，占监测总数的 5.9%；运行相对正常的 10 座，占监测总数的 58.8%。监测结果显示，正常出水的 11 座生活污水处理设施中，有 8 座出水超标。

②第二季度。二季度共监测污水处理设施 23 座，其中，停运、无法监测的设施 8 座，占监测总数的 47.8%；只能采集到出水的 6 座，占监测总数的 21.7%；运行相对正常的 10 座，占监测总数的 43.5%。监测结果显示，正常出水的 15 座生活污水处理设施中，有 11 座出水超标。

③第三季度。三季度共监测污水处理设施 23 座，其中，停运、无法监测的设施 11 座，占监测总数的 34.8%；只能采集到出水的 6 座，占监测总数的 26.1%；运行相对正常的 6 座，占监测总数的 26.1%。监测结果显示，正常出水的 12 座生活污水处理设施

中，有 8 座出水超标。

④第四季度。四季度共监测污水处理设施 23 座，其中，停运、无法监测的设施 14 座，占监测总数的 60.9%；只能采集到出水的 8 座，占监测总数的 34.8%；运行相对正常的 1 座，占监测总数的 4.3%。监测结果显示，正常出水的 9 座生活污水处理设施中，全部出水超标。

2）畜禽养殖集中治理设施

8 家畜禽养殖场的集中治理设施的监测情况如下。

①共有 4 家养殖场排放养殖废水。其中，1 家污水处理设施因故障停用，废水经化粪池处理后直接排向场外农田；1 家污水处理后回用，不外排；1 家废水直接排放至无防渗设施的氧化塘，做灌溉用水；1 家污水处理设施因故障停用，废水直接排放至场外无防渗设施的沟渠。

②共有 3 家无废水产生或无法采集样品。其中，1 家粪便经自然干化处理后做肥料销售，无废水产生；1 家采用发酵床养殖技术，无废水产生；1 家产生的废水直接进入沼气发电，无法采样。

③1 家养殖场因经营状况已经关停。

监测结果显示，第一季度因污水处理设施故障向场外灌溉沟排放的污水：COD 超标 165 倍，NH_3-N 超标 17.75 倍，TP 超标 214 倍，粪大肠菌群超标 15 倍。

从取样监测结果来看，农村生活污水处理和畜禽养殖集中治理基础设施正常运行率不高。

3.2.2.2.6 小结

宜兴市地表水例行监测断面有部分未达到水质目标，主要超标指标为氨氮、高锰酸盐指数等。浅层地下水受到轻微生活污染，集中式饮用水水源地水质基本达标。地下水中的挥发酚、氨氮、粪大肠菌群、硝酸盐氮等指标浓度较高，这表明监测区域浅层地下水受到生活污染。宜兴市的集中式饮用水水源地为横山水库（云湖），备用水源地为油车水库（阳羡湖），根据监测结果，横山水库各考核指标年均值达标率为 100%，但部分指标在例行监测中仍有超标现象。宜兴市空气质量良好，达到了二类区环境质量标准。宜兴市土壤环境质量基本能达到《土壤环境质量标准》二级标准。人居环境建设上，宜兴市凭借良好的环保基础和雄厚的经济实力，在农村地区建设了大批环保基础设施，显著提升了农村的环保能力，但根据监测结果，农村地区的基础设施正常运行率不高。这表明，农村环保设施工程建设前期调研不够深入，选址及技术适用性存在问题，另外，管理能力滞后也会导致工程运行的诸多问题。

3.2.2.3 宜兴市农村环境监管现状

3.2.2.3.1 宜兴市环境监管机构人员现状

宜兴市环境监管机构主要包括宜兴市环境保护局及其下属事业单位宜兴市环境监测站和宜兴市环境监察局。

宜兴市环境保护局设有办公室、规划生态科、环境影响评价科、法制科、宣教科、污染物排放总量控制科、纪检监察机构等机构。其中，规划生态科负责指导、协调、监督全市生态保护工作；研究起草和监督实施自然生态保护的政策措施；开展全市生态状况评估，指导生态示范创建工作，推进生态文明建设；承担全市生物技术环境安全管理工作，参与生物多样性保护、湿地环境保护工作；组织协调农村环境保护工作，指导农村环境综合整治和参与生态农业建设；监督管理农村土壤污染防治工作。宜兴市环境保护局现有工作人员总计 90 余名，其中规划生态科共有工作人员 12 名。

宜兴市环境监测站内设办公室、质量管理室、污染源监测室、例行监测室、生态监测室、综合业务室、自动预警监测室和分析化验室 8 个科室，主要承担宜兴市辖区内大气、水体、土壤、噪声等多种环境要素的质量监测、污染源监督监测、"三同时"和污染治理项目的竣工验收监测、环境预警监测、污染事故应急监测和污染纠纷仲裁监测、环境评价监测、环保产品和环境标志审定监测及其他社会服务性监测，工作人员总计 50 余人。

宜兴市环境监察局内设综合办、信访办、核辐办、监控中心、督查科 5 个科室，并分别在宜城、丁蜀、和桥、周铁、徐舍、官林、张渚、开发区 8 个重点街道和镇设立了环境监察分局。主要负责辖区内环境保护监察工作、环境污染事件预警和应急响应处置工作，现有工作人员 63 名（表 3-13）。

表 3-13　宜兴市环境监察机构人员及车辆统计

机构	全职人员	兼职人员数	人员总数	公用车辆数
宜兴市环境监察局	22	0	22	4
宜城环境监察分局	6	0	6	2
丁蜀环境监察分局	5	0	5	2
和桥环境监察分局	6	0	6	2
周铁环境监察分局	4	0	4	2
徐舍环境监察分局	4	0	4	1
官林环境监察分局	5	0	5	2
张渚环境监察分局	5	0	5	2
开发区环境监察分局	6	0	6	2
合计	63	0	63	19

3.2.2.3.2 宜兴市乡镇(街道)环境监管人员现状

宜兴市基层环保机构配备比较完善,所有的乡镇(街道)都设立了环保办或者环保科,管理本辖区的农村环境保护工作。丁蜀镇、宜城街道较大的乡镇(街道)配备 5~6 名工作人员,一般的乡镇(街道)配备 2~3 名工作人员。

目前,江苏省为农村环境综合整治全覆盖试点省份之一,需要投入更多的人力、物力、财力来支持这项工作的开展。宜兴市正逐步完善镇村两级环保队伍,各镇、村定岗 1~2 人,负责辖区农村环境综合整治和环境管理工作。市环保局负责对村级环保机构进行业务培训,培养农村环保骨干,在农村地区逐步开展环境监察、环境监测和污染减排工作,建立农村环保长效机制。

3.2.2.3.3 宜兴市农村环境监管制度现状

随着农村环境综合整治工作的深入开展,宜兴市立足自身的特点,出台了部分农村环境保护相关的管理制度,部分采用省市出台的制度,也配套了具有当地特色的实施方案。

宜兴市出台的农村环境保护相关的制度体系如下:

(1)环境综合整治类:宜兴市村庄环境整治考核评分标准、宜兴市村庄环境整治长效管理考核评分标准、宜兴市关于加强村庄环境长效管理工作的实施意见及实施细则、宜兴市农村环境连片整治示范项目管理暂行办法、宜兴市农村环境连片整治验收实施细则等。

(2)水环境保护类:宜兴市农村河道长效管理考核奖励办法、油车水库饮用水源地保护工作考核办法等。

(3)秸秆禁烧类:宜兴市秸秆禁烧工作实施意见等。

(4)畜禽污染防治类:宜兴市规模畜禽养殖场污染防治技术规范(试行)、宜兴市畜禽产业发展区划指导意见、关于全面开展省控入湖河道周边畜禽养殖专项整治工作的意见等。

3.2.2.3.4 宜兴市农村环境监管技术现状

宜兴市地处经济发达地区,在农村环境保护方面投入了较多的资金,有了一定的环境监管基础。目前采用的环境监管技术主要体现在环境监测方面,宜兴市自 2009 年起,每年都会选择一定数量的村庄开展试点监测,能够开展大气、水、土壤、固体废物、噪声、生态等方面环境质量监测工作的,都具备了一定的环境监测能力。全市共有 31 个地表水水质自动监测站,实时监控所在断面的水质情况。此外,宜兴市环境监测站不定期对农村环境综合整治的情况进行抽查,抽查对象主要包括农村生活污水处理设施运行情况、畜禽养殖的污染情况以及分布在农村区域的工业企业排污情况。

环境监察部门依托移动执法平台,在日常检查的基础上,采取区域集中检查、地毯式拉网排查、夜间和节假日交叉巡查和增加检查频次等形式,不断加强对排污企业的执法监管。"十二五"时期以来,共出动执法人员 57 100 多人次,检查企业 27 300 多厂次,做出行政处罚并执行 150 多起,罚款金额 800 多万元,有力打击了环境违法行为。持续改进环境监测方式,提升对大气、水、噪声等污染因子的监测水平,截止到 2013 年底,环境监测站有各类环境监测仪器设备 180 余台,空气自动监测站 3 座(全省率先具备 $PM_{2.5}$ 监测能力),水质自动监测站 31 座,每年获得有效监测数据达 7 万多个,为环境管理和决策提供了可靠的技术支持。目前,全市共有各类在线监控仪器 309 台,共计监控水污染企业 68 家,监控大气污染企业 20 家,基本实现了重点污染源在线监控全覆盖。

3.2.2.3.5 监管需求分析

(1)农村环境的监管对象分析

通过宜兴市调研发现,乡镇企业、畜禽养殖场(户)及农村生活污水处理设施数量巨大,但现阶段农村环境监管能力有限,不能面面俱到,需要根据当前的环境问题,开展有针对性的监管。根据我国东部地区农村环境面临的问题,建议将农村的居民行为、乡镇企业、农业生产、环保设施、畜禽养殖及基层环保机构作为主要的监管对象。

1)居民行为监管。居民的日常行为与当地环境质量息息相关,不良的生活习惯会严重破坏生态环境质量。需要加强宣传引导,培养居民良好的生活习惯,提高居民环保意识,使村民能够自觉维护当地的环境。居民行为的监管主体必须易位给居民,发动村里的热心群众、老干部等作为义务监管员去宣传良好的生活习惯、制止居民的不良行为,构建人人参与的社会风气。

2)乡镇企业监管。对工业经济比较发达的乡镇来说,工业污染已经影响到农村的环境,特别是有些分布在村庄的企业,对周边居民的生活环境产生直接的影响。此类企业往往经济实力较弱,环保设施不健全,环保部门没有把此类企业作为监管对象,环境问题突出,对农村环境的危害较大。环保部门需要在摸底调查的基础上进行分类统计,将污染物排放量大的企业纳入在线监管系统,将存在环境风险的企业纳入环境监察系统,将重点企业纳入日常监管范畴,其他环境污染问题较轻的企业以举报代替监管,凡收到投诉举报的企业,经核实后提高其下年度排污费标准,大幅提高其环境违法成本。

3)农业生产监管。农业生产过程中产生的固体废弃物处理不当会造成环境问题。农作物秸秆焚烧、运输、储存过程中存在环境风险,也存在安全问题。农业生产薄膜难以降解，随意丢弃会破坏土地结构，严重破坏土壤环境，造成农作物减产。农药包装袋、农药瓶等随意丢弃，会影响水体的环境质量。化肥农药的大量使用，造成严重的面源污染问题。农林部门需要从源头对农业生产资料的生产、销售环节进行监管，对应用标准及资源回收进行宣传，并构建资源回收体系。对农作物秸秆来说，需要解决好出路问题，实现资源的再利用。

4）环保设施监管。建设生活垃圾收运设施、生活污水处理设施是农村环保的基础，是农村生活污染减排的直接载体。农村环保基础设施承担了农村最为常见的两大污染问题的收集处理任务，对农村环境保护的作用最大，需要保持其良好的运行状态，才能发挥其最大的作用。生活垃圾的收运设施由环卫部门进行维护管理，生活污水处理设施运行维护则需要具有一定技术能力的人员，通过政府购买服务，将其委托给具有资质的运营单位进行维护的模式为最佳方式，环保部门则负责对运维单位进行监管。

5）畜禽养殖监管。宜兴市畜禽养殖业是从家庭散养发展起来的，近年来规模化养殖程度提高较快，但在宜兴市北部和西部部分村庄散布着畜禽养殖户，养殖数量不大，但采用了最原始的养殖方法，污染问题较突出，对水体、土壤、大气及村容村貌都有破坏，严重的会产生较大的邻里矛盾，危害社会的稳定。生态部门对畜禽养殖污染的监管没有行之有效的手段，农林部门的检疫制度可以作为监管的突破口，同时畜禽养殖产生的粪便也是重要的资源，种养结合的治理模式逐步成为首选模式。

6）基层环保机构监管。宜兴市建立了较为完备的县—乡两级环保管理体系，配备了乡镇环保人员。乡镇环保机构处于农村环保工作的前沿，是农村环保工作顺利开展的中坚力量，要充分发挥其主导作用。上级环保机构需要对乡镇环保机构的运行机制、工作模式进行指导和监管，提高基层组织的专业技能和水平，更好地为农村环保工作服务。

（2）农村环境监管制度需求

通过与环保局、监测站相关人员开展农村环境监管经验交流，并深入湖㳇镇、周铁镇、徐舍镇、官林镇、芳桥镇、新庄街道等地的农村开展现场调研工作，调研结果发现，农村环境综合整治工作的深入开展，大大促进了宜兴市农村环境监管能力的提高，在人员配置、制度建设、基础设施配套等方面都得到了发展，但距离对农村环境开展全面监管还有很大的差距。

要实现对农村环境质量的全面监管，需要从以下几个方面寻求突破，打破农村环境监管面临的困境。

1）环境巡查制度。市环保局、市环境监察局不定期开展农村环境保护巡查，乡镇环境监察分局定期开展辖区农村环境保护例行检查，对农村地区存在反响突出的环境问题、环境污染源进行检查。通过巡查制度，去发现并解决农村地区存在的环境问题，尽量减少农村地区的环境违法行为。同时，对农村地区的环境基础设施运行状况进行监督和管理，保障农村环保设施的稳定运行。

2）环境监测制度。开展农村地区的环境质量监测，突破现有的农村环境质量监测模式，探索建立农村环境质量定期、定点例行监测制度及不定期抽测制度。根据地方经济条件、农村环境特点，布设具有代表性的农村环境质量监测点位，固定点位与流动点位、单项点位与综合点位相结合，尽量减少环境监测基础设施的投资。

3）环保下乡制度。环境宣教部门定期开展农村环保下乡，对村民进行环境保护普及教育，提高村民的环保意识。宣教工作不仅要宣传环境破坏的危害，也要教育村民保护环境的行为和方法，同时，要向村民揭露工业企业隐蔽的违法行为，提高村民的认识水平，维护自身的合法权益。

4）村民自查制度。村民是农村环境保护的主体，开展农村环保离不开村民的积极参与，村民应从自身做起，积极主动地维护自己周边的环境，同时要肩负起监督的责任，督促其他企业或个人保护环境。建立行之有效的村民自查制度，并配套相应的奖惩措施，将村民自查发现的环保问题妥善处理，并公布处理结果，以提高村民的积极性。开展村民自查，要建立畅通的信息反馈渠道，村民的诉求要能够与环保部门形成有效的衔接，形成多样化的村民自查形式，多渠道的信息沟通方式，保障信息的真实性和及时性。

5）环保评比制度。在县域或乡镇开展农村环保工作评比，各乡镇及各村之间进行横向比较，对环保工作较好的乡镇、村庄给予奖励。探索多样化的奖励形式，不局限于经济上，在个人荣誉、集体荣誉等方面可以开展一些探索。例如对农村环保工作先进的集体、个人优先推荐一些荣誉奖励。经济奖励可以采用针对生活垃圾、生活污水、畜禽养殖等方面进行点对点开展，例如奖励一定时限的生活垃圾收运费用。

（3）农村环境监管组织需求

组织机构的完整性对农村环保工作至关重要，当前，农村居民大多环保意识薄弱，需要有相关的机构统领开展工作。宜兴市已经实现了乡镇环保机构的全覆盖，各乡镇（街道）均设立了环保办、环保所等机构，负责辖区内的环保工作。环境监察局也在部分乡镇设立了环境监察分局，开展周边区域的环境监察工作。

目前，宜兴市农村环境监管组织建设需求有以下几个方面：

1）强化市环保机构的监管能力。市环保局组建农村环保科室，提升农村环境保护的地位。环境监测站组建面向农村环境监测的队伍，并配备相应的设备、设立相应场所等基础条件，更好地为农村环境监管提供支持。环境监察局下设的各监察分局划分各自管理区域，将农村环境质量监察工作纳入日常管理范围，配备相应的人员队伍。

2）开展村级的环保机构建设。村级环保机构应该成为农村环保工作开展的中坚力量，基层的组织往往能够更了解基层的情况，熟悉各地的环保基础条件，也能够及时处理相关的环境问题。村级环保机构建设完善后，将形成网络化农村环境机构布局，大大提升农村环保基层实力。

3）引导社会环保机构有序发展。社会环保机构人员往往具有一定的环保基础，对我国环保法律、制度及环境违法事件的处理流程比较清楚，同时对企业环境违法的方式比较了解，能够获取更多的信息。政府及环保部门应该支持并引导社会机构的发展，提高农村环保的社会监管力量。

（4）农村环境监管技术需求

农村地区环保基础薄弱，大多数地区处于监管空白状态，适宜的环境监管技术对农村环境监管工作的全面开展具有重要的支持作用。目前农村环境质量的监管主要包括各环境要素质量监管、污染物排放监管及生态环境质量监管等方面，环境监管技术需求主要有以下几个方面。

1）环境监测技术。对农村水环境、空气环境、声环境、土壤环境等环境要素质量现状，生活污水、废气、噪声等污染物排放及污染处理设施运行情况的监管主要依靠监测技术进行监测获取相关的数据。环境监测技术经过多年的发展日趋成熟，其在农村地区的应用，主要是需要解决点位布设及监测频次的科学性，提高代表性，降低环境监测的成本。环境质量监测点位的布设要充分利用现有的监测点位，采用定点监测与流动补充监测相结合的方法，提高环境监测的覆盖面，掌握农村地区真实的环境状况。对环境基础设施的运行情况监测，则需要通过在线监测与抽测相结合的方法，了解其运行状况及存在的问题。

2）环境遥感技术。遥感技术在生态环境质量监测领域已经进行了大规模的应用，取得了较多的成果和经验，同时，也可以用于大气环境、大面积水环境质量状况的监测。近年来，卫星遥感监测技术在农村秸秆禁烧工作中进行了广泛的应用。对我国广大的农村地区来说，遥感监测技术能够发挥其优势，在空间上、时间上掌握农村生态环境质量的现状、变化趋势及生态破坏情况。

3）网络监管技术。网络监管技术的应用主要体现在农村环境质量监管平台的建设，打通环境信息传输的渠道，构建全民监管的农村环境质量监管局面。网络信息技术的应用能够将农村环境问题快速反馈到环境监管部门，同时，图片、语音、视频等多类型的资料作为有力的证据，对违法者进行相应的处罚。对村民自身破坏环境的行为也可以进行曝光，督促其自觉遵守相应的村规民约。

3.2.3 中部典型农村人居环境质量及监管现状

选择长沙县金井镇作为东部地区农村的典型区，对当地农村的环境质量现状、监管现状与监管需求等内容进行了深入的调查和分析，主要结果如下。

3.2.3.1 长沙县金井镇概况

长沙县金井镇地处长沙、平江、浏阳、汨罗四县（市）交界处，镇域面积 144 km^2，辖 14 个村、两个居委会，人口 4.5 万，是住建部小城镇建设试点镇，是湖南省长沙市重点镇。长沙县金井镇距黄花国际机场 40 km，京珠高速、107 国道傍镇而行，特别是省道 207 线修通后，金井镇到县城、省城不过 40 min 车程。金井镇属长沙县行政管辖区内，镇域辖 14 个村（惠农村等）、1 个社区（金井社区）和 1 个居委会（脱甲社区），镇政府驻地在金井社区。2012 年总人口为 41 838 人，村民小组为 398 个，其中城镇人口为 2 159 人。

3.2.3.2 长沙县金井镇农村人居环境质量状况

鉴于金井镇尚未开展过环境质量监测工作，为了能较为详细和全面地了解地表水和土壤质量状况，于 2013 年 12 月开展了地表水和土壤采样和监测分析。

3.2.3.2.1 水环境质量概况

在金井镇域范围内设置 15 个地表水监测点。地表水监测项目包括：水温、pH、溶解氧、高锰酸盐指数、化学需氧量（COD_{Cr}）、五日生化需氧量（BOD_5）、氨氮（NH_3-N）、总磷（以 P 计 TP）、总氮（TN）、铜（Cu）、锌（Zn）、硒（Se）、砷（As）、汞（Hg）、镉（Cd）、铬（六价 Cr^{6+}）、铅（Pb）、氰化物、挥发酚、石油类、阴离子表面活性剂（LAS）、硫化物、粪大肠菌群（个/L）等 23 项指标，15 个地表水采样点分别为：1#金脱河上游、2#金脱河中游、3#金脱河下游、4#金井河上游、5#金井河中游、6#金井河下游、7#九溪河下游、8#金井水库 1、9#金井水库 2、10#青山水库、11#军民水库、12#金井社区生活污水、13#金井卫生院坑塘、14#观佳污水处理厂、15#金脱河上游受生活污水影响河段。其中，河流 9 个，水库坑塘 5 个，污水处理厂 1 个（表 3-14）。

表 3-14　金井镇地表水环境监测结果统计表

检测项目	检测结果						
	2013-12-30						
	1#金脱河上游	2#金脱河中游	3#金脱河下游	4#金井河上游	5#金井河中游	6#金井河下游	7#九溪河下游
水温/℃	8.9	10.1	9.9	7.5	9.0	5.3	10.8
pH（量纲一）	7.39	7.45	7.52	7.16	7.55	7.03	7.46
DO/（mg/L）	7.31	7.23	6.41	5.97	6.73	7.11	7.12
高锰酸盐指数/（mg/L）	2.1	3.7	3.9	3.2	2.4	6.2	2.8
COD_{Cr}/（mg/L）	<10	12.2	13.0	<10	<10	<10	<10
BOD_5/（mg/L）	2.2	2.8	2.8	2.2	2.2	2.4	2.3
NH_3-N/（mg/L）	0.400	2.58	1.60	0.790	0.402	0.398	1.01
TP（以 P 计）/（mg/L）	0.07	0.45	0.23	0.21	0.10	0.07	0.19
TN（以 N 计）/（mg/L）	2.95	6.18	5.72	3.07	2.46	2.40	2.64
氰化物/（mg/L）	<0.004	<0.004	<0.004	<0.004	<0.004	<0.004	0.006
挥发酚/（mg/L）	<0.000 3	<0.000 3	<0.000 3	<0.000 3	<0.000 3	<0.000 3	<0.000 3
石油类/（mg/L）	0.19	0.15	0.09	0.10	0.16	0.06	0.02
LAS/（mg/L）	<0.05	<0.05	<0.05	<0.05	<0.05	<0.05	<0.05
硫化物/（mg/L）	<0.005	<0.005	<0.005	<0.005	<0.005	<0.005	<0.005
粪大肠菌群/（个/L）	$7.9×10^3$	$1.7×10^4$	$4.9×10^3$	$1.1×10^3$	$7.0×10^3$	790	$4.9×10^3$
Cr^{6+}/（mg/L）	<0.004	<0.004	<0.004	<0.004	<0.004	<0.004	<0.004
Cu/（mg/L）	<0.050	<0.050	<0.050	<0.050	<0.050	<0.050	<0.050
Zn/（mg/L）	0.018	0.014	<0.010	0.042	<0.010	<0.010	<0.010
Se/（mg/L）	<0.000 5	<0.000 5	<0.000 5	<0.000 5	<0.000 5	0.001 1	<0.000 5
As/（mg/L）	0.001 0	0.002 1	0.004 1	0.002 1	0.001 1	0.000 6	0.000 8
Hg/（mg/L）	<0.000 05	<0.000 05	<0.000 05	<0.000 05	<0.000 05	<0.000 05	<0.000 05
Cd/（mg/L）	<0.001	<0.001	0.002	<0.001	<0.001	<0.001	<0.001
Pb/（mg/L）	<0.010	<0.010	0.014	<0.010	<0.010	<0.010	<0.010

检测项目	检测结果							
	2013-12-31							
	8#金井水库1	9#金井水库2	10#青山水库	11#军民水库	12#金井社区生活污水	13#金井卫生院坑塘	14#观佳污水处理厂	15#金脱河上游受生活污水影响河段
水温（℃）	8.7	10.0	7.6	8.0	11.1	6.2	7.8	9.7
pH	7.39	7.44	7.12	7.64	7.58	7.31	7.50	7.58
DO/（mg/L）	6.44	6.50	6.61	7.02	5.74	6.82	7.10	6.10
高锰酸盐指数/（mg/L）	6.3	6.4	2.5	5.2	2.7	8.0	1.7	3.6
COD/（mg/L）	28.2	24.5	<10	21.0	<10	32.2	<10	16.2
BOD_5/（mg/L）	6.2	5.4	2.4	4.7	2.3	7.1	2.2	3.6
NH_3-N/（mg/L）	0.828	0.364	0.376	3.62	0.872	0.692	1.22	3.21
TP（以P计）/（mg/L）	0.30	0.24	0.07	0.15	0.19	0.17	0.11	0.74
TN（以N计）/（mg/L）	3.47	3.23	1.15	4.81	3.63	2.72	2.22	5.72
氰化物/（mg/L）	<0.004	<0.004	<0.004	<0.004	<0.004	<0.004	<0.004	<0.004
挥发酚/（mg/L）	<0.000 3	<0.000 3	<0.000 3	<0.000 3	<0.000 3	<0.000 3	<0.000 3	<0.000 3
石油类/（mg/L）	0.07	0.06	0.03	0.07	0.07	0.07	0.04	0.26
LAS/（mg/L）	<0.05	<0.05	<0.05	<0.05	<0.05	<0.05	<0.05	<0.05
硫化物/（mg/L）	<0.005	<0.005	<0.005	<0.005	<0.005	<0.005	<0.005	<0.005
粪大肠菌群/（个/L）	700	220	50	4.9×10^3	7.9×10^3	230	490	270
Cr^{6+}/（mg/L）	<0.004	<0.004	<0.004	<0.004	<0.004	<0.004	<0.004	<0.004
Cu/（mg/L）	<0.050	<0.050	<0.050	<0.050	<0.050	<0.050	<0.050	<0.050
Zn/（mg/L）	<0.010	0.022	<0.010	<0.010	<0.010	<0.010	<0.010	0.018
Se/（mg/L）	<0.000 5	0.000 5	<0.000 5	<0.000 5	<0.000 5	0.000 6	<0.000 5	<0.000 5
As/（mg/L）	0.002 2	0.001 9	0.001 6	0.001 3	0.000 7	<0.000 2	<0.000 2	0.003 0
Hg/（mg/L）	<0.000 05	<0.000 05	<0.000 05	<0.000 05	<0.000 05	<0.000 05	<0.000 05	0.000 06
Cd/（mg/L）	<0.001	<0.001	<0.001	<0.001	<0.001	<0.001	<0.001	<0.001
Pb/（mg/L）	<0.010	<0.010	<0.010	<0.010	<0.010	<0.010	<0.010	<0.010

监测结果表明，15 个监测点位地表水温度为 6～11℃，pH 为 7.0～7.6，溶解氧为 6.0～7.3 mg/L，高锰酸盐指数最低为 1.7 mg/L，最高为 8.0 mg/L，相差几倍。有 8 个点位的 COD_{Cr} 低于 10 mg/L，最高的是 8#金井卫生院坑塘，为 32.2 mg/L。BOD_5 浓度为 7.2～2.2 mg/L，最高的样品依然是 8#金井卫生院坑塘的水样。NH_3-N 浓度为 0.364～3.62 mg/L。TP 浓度为 0.07～0.74mg/L，相差 10 倍左右。TN 浓度为 1.15～5.72 mg/L，浓度高的样品为金脱河下游和金脱河上游受生活污水影响的河段。15 个点中有 14 个点的氰化物浓度＜0.004 mg/L，只有 1 个点，即九溪源河下游浓度为 0.006 mg/L。所有点位的挥发酚浓度都低于 0.000 3 mg/L，石油类浓度为 0.02～0.26 mg/L，浓度最高的点为金脱河上游受生活污水影响河段。所有点位的 LAS 均＜0.05 mg/L，硫化物浓度均低于 0.005 mg/L，粪大肠菌群低的为青山水库的 50 个/L，最高的是金脱河中游，为 $1.7×10^4$ 个/L。Cr^{6+}浓度均＜0.004 mg/L，Cu 浓度均低于 0.05 mg/L，大部分样品 Zn 浓度低于 0.01 mg/L，最高的为 0.042 mg/L。大部分样品 Se 浓度＜0.000 5 mg/L，最高的为 0.001 1 mg/L。As 浓度最低的样品＜0.000 2 mg/L，最高的为 0.002 2 mg/L，相差 10 倍多。所有样品 Hg 含量均＜0.000 05 mg/L，Cd 含量＜0.001 mg/L，Pb 含量＜0.010 mg/L。

3.2.3.2.2　土壤环境质量概况

土壤监测在金井镇域范围内采集 20 个样点，主要分析土壤类型、pH、全氮、全磷有机质、重金属（As、Cu、Pb、Zn、Cd、Cr、Hg、Ni、Mn 等）及典型农药残留主要指标。20 个采样点分别为：1#沙田村油菜地、2#拔茅田村菜地、3#沃园优质番薯种植基地 2、4#鹏宇蔬菜基地 1、5#鹏宇蔬菜基地 2、6#金井茶园 1、7#金井茶园 2、8#湘丰茶园 1、9#湘丰茶园 2、10#金井社区农田、11#拔茅田村农田、12#脱甲农田、13#龙泉农田、14#惠农村养猪场、15#脱甲养猪场、16#蒲塘林地、17#沙田村道路旁土壤、18#金井水库旁土壤、19#立诚机械有限公司、20#星驰实业。其中大田作物土壤为 6 个，菜地 3 个，园林用地土壤 5 个，工业用地土壤 2 个，养殖场所土壤 2 个，其他用地土壤 2 个。

土壤监测结果见表 3-15。

表 3-15 土壤监测结果统计表

检测项目	检测结果									
	2013-12-30	2013-12-31	2013-12-30	2013-12-31	2013-12-31	2013-12-30	2013-12-30	2013-12-30	2013-12-30	2013-12-30
	1#沙田村油菜地	2#拔茅田村菜地	3#沃园优质番薯种植基地2	4#鹏宇蔬菜基地1	5#鹏宇蔬菜基地2	6#金井茶园1	7#金井茶园2	8#湘丰茶园1	9#湘丰茶园2	10#金井社区农田
土壤类型	轻壤土	轻壤土	轻壤土	轻壤土	轻壤土	轻壤土	轻壤土	轻壤土	轻壤土	轻壤土
pH	5.26	4.29	5.84	5.39	4.36	5.13	4.92	4.28	4.30	5.61
全氮/%	0.112	0.082	0.095	0.086	0.093	0.085	0.096	0.097	0.105	0.127
全磷/%	0.210	0.254	0.294	0.205	0.237	0.197	0.181	0.281	0.244	0.189
有机质/（g/kg）	28.7	44.1	45.3	47.9	40.4	11.9	30.1	47.7	30.0	37.3
六六六/（mg/kg）	<0.001	<0.001	<0.001	<0.001	<0.001	<0.001	<0.001	<0.001	<0.001	<0.001
DDT/（mg/kg）	<0.001	<0.001	<0.001	<0.001	<0.001	<0.001	<0.001	<0.001	<0.001	<0.001
K/（mg/kg）	7.4×10^3	9.8×10^3	6.1×10^3	6.2×10^3	6.9×10^3	9.8×10^3	9.1×10^3	9.4×10^3	7.6×10^3	6.8×10^3
As/（mg/kg）	13.0	10.5	30.7	5.79	6.35	8.53	8.84	5.22	4.99	6.81
Cd/（mg/kg）	0.12	0.15	0.11	0.13	0.15	0.10	0.04	0.16	0.04	0.16
Cr/（mg/kg）	21.9	19.6	19.0	10.8	11.5	28.2	30.5	20.0	18.3	20.2
Cu/（mg/kg）	23.1	33.5	24.0	23.8	24.6	20.7	19.9	20.4	21.4	23.6
Hg/（mg/kg）	0.263	0.132	0.442	0.398	0.399	0.364	0.480	0.471	0.466	0.384
Mn/（mg/kg）	627	237	308	214	229	918	227	196	151	344
Ni/（mg/kg）	18.2	16.5	16.2	12.0	11.8	33.6	29.1	18.8	17.8	20.0
Pb/（mg/kg）	41.0	32.5	48.4	41.4	34.6	30.2	33.9	44.6	46.8	33.1
Zn/（mg/kg）	79.4	84.9	82.5	99.5	89.2	72.6	76.3	75.2	75.0	78.0

检测项目	检测结果									
	2013-12-31	2013-12-30	2013-12-31	2013-12-31	2013-12-30	2013-12-31	2013-12-30	2013-12-31	2013-12-30	2013-12-31
	11#拔茅田村农田	12#脱甲农田	13#龙泉农田	14#惠农村养猪场	15#脱甲养猪场	16#蒲塘林地	17#沙田村道路旁土壤	18#金井水库旁土壤	19#立诚机械有限公司	20#星驰实业
土壤类型	轻壤土	轻壤土	轻壤土	轻壤土	轻壤土	轻壤土	轻壤土	轻壤土	轻壤土	轻壤土
pH	5.10	5.68	5.03	5.91	5.09	5.02	6.59	4.88	6.65	4.86
全氮/%	0.078	0.095	0.142	0.106	0.099	0.097	0.093	0.105	0.120	0.068
全磷/%	0.318	0.193	0.227	0.246	0.258	0.259	0.226	0.256	0.254	0.255
有机质/(g/kg)	41.1	34.7	55.6	15.6	42.8	22.2	25.0	16.9	32.6	18.5
六六六/(mg/kg)	<0.001	<0.001	<0.001	<0.001	<0.001	<0.001	<0.001	<0.001	<0.001	<0.001
DDT/(mg/kg)	<0.001	<0.001	<0.001	<0.001	<0.001	<0.001	<0.001	<0.001	<0.001	<0.001
K/(mg/kg)	8.5×10^3	7.3×10^3	8.2×10^3	7.8×10^3	9.1×10^3	5.6×10^3	8.4×10^3	8.9×10^3	8.1×10^3	6.2×10^3
As/(mg/kg)	8.70	8.30	10.3	9.08	30.1	5.88	31.3	4.41	7.34	16.6
Cd/(mg/kg)	0.17	0.12	0.15	0.13	0.09	0.02	0.07	0.03	0.16	<0.01
Cr/(mg/kg)	24.5	12.1	23.8	29.2	34.9	16.6	30.6	10.0	30.7	49.4
Cu/(mg/kg)	22.5	22.6	31.3	48.8	45.3	39.3	40.0	17.9	38.2	35.3
Hg/(mg/kg)	0.446	0.155	0.272	0.317	1.85	0.106	0.150	0.016	0.610	1.32
Mn/(mg/kg)	178	206	146	135	434	346	886	133	276	96.4
Ni/(mg/kg)	19.5	13.1	25.3	24.4	35.8	23.9	31.8	11.5	21.4	17.9
Pb/(mg/kg)	44.8	29.3	31.3	50.9	32.0	19.0	31.2	42.1	38.1	28.6
Zn/(mg/kg)	76.3	85.1	90.6	83.0	118	76.0	103	104	94.6	44.4

20 个监测点的土壤类型均为轻壤土，pH 为 4.28～6.59，偏酸性。全氮含量为 0.068%～0.142%，最高值和最低值差 1 倍左右，全磷含量为 0.181%～0.318%，属于中等偏上水平。有机质含量为 16.9～47.7 g/kg，差别较大，其中有机质含量较高的为农田和菜地的样点。持久性有机污染物六六六和 DDT 的监测结果表明，20 个样品的含量均低于 0.001 mg/kg。土壤全钾含量较为稳定，差别不大，在 $5.6×10^3$～$9.8×10^3$ mg/kg。养猪场和道路旁土壤中含 As 量较高，是其他样本含量的几倍，养猪场含 As 量高可能与养殖场饲料、动物粪便含 As 有关，道路旁可能与含 As 的大气颗粒物沉降、富集有关。Cd 含量最高的为 0.17 mg/kg，最低的＜0.01 mg/kg，与用地类型没有直接关系。而 Cr 和 Cu 含量与用地类型的关系较为明显，其中，二者含量较高的用地类型均为工业用地、养猪场用地。Mn 的含量差别也较大，含量最高的样点与最低的差别近 10 倍。各土壤样点间，Ni、Pb 和 Zn 三种重金属元素含量相差不大，Ni 浓度为 10～35 mg/kg，Pb 浓度为 20～50 mg/kg，而 Zn 浓度为 70～120 mg/kg。

综合分析，金井镇土壤中重金属、持久性有机污染物六六六和 DDT 的浓度没有超出土壤三级标准，大部分样品的指标低于原土壤环境质量标准（GB 15618—1995）的二级标准。但也应该看到，一些工业用地、养殖用地和道路旁的土壤 As、Pb、Cr 和 Cu 等重金属含量较高，超过二级标准。

3.2.3.2.3 人居环境建设概况

金井镇在长沙县统一安排和部署下，开展了卓有成效的农村环境综合整治工程。主要包括垃圾的集中收集和清运、污水处理厂的建设运营、河流的综合整治以及农村"环保超市"的成立。

长沙县由政府埋单，按村民每人每年 100 元的标准，安排专人收集处理垃圾。金井镇在此基础上成立了环保合作社，垃圾收集和处理采用"村收集、镇处理"的模式，招聘了 52 名专业的保洁员，负责全镇 16 个村、社区的垃圾收集、清理。集镇垃圾实现分时管理，日产日清。生活垃圾主要集中在镇区处理，镇区有一座垃圾填埋场，占地面积为 4 000 m^2。目前，全镇拥有垃圾池 1 260 个，保洁员 54 人，大型垃圾清扫车 1 台，小型垃圾保洁车 22 台，垃圾清运车 5 台，环保合作社 1 个，垃圾中转站 1 个，各村也根据实际情况设定了相应的环境保洁队伍。

农村生活污水处理向来是个难题，金井镇通过集中处理和分散处理的措施基本解决了这个问题。金井镇在镇区建立了一座集中式污水处理厂，设计规模 5 000 t/d，主要收集处理镇区的生活污水。在惠民新村等几个主要的村庄，以农户为单位建立了农村居民生活污水处理系统，或一家单独用一套系统，或几家共用。主要采用人工湿地系统处理污水的原理，将家里的污水收集后，再经过厌氧发酵池发酵、沉淀池沉淀，经过了两级处理后变成清洁的水源流入附近农田的沟渠。

近年来，金井镇共投入 800 多万元完成金井、脱甲等河段的生态护坡，实现了"水清、流畅、岸绿、景美"的目标；完成了公路绿化 30 km、河流绿化 4 km。河流水质得到明显的改善。

2011 年 6 月，金井镇环保合作社还成立了全省首家农村"环保超市"，村民们可以用回收的废品折合现金，到超市来兑换洗发水、面条、香烟、牙刷等商品。实现了废物的回收利用，也让农户得到实惠。

3.2.3.2.4　小结

长沙县金井镇地表水主要指标优于Ⅳ类标准，主要的污染物是 COD、NH_3-N、TP；土壤环境质量良好，达到三级标准，人居环境整治成效突出。

3.2.3.3　长沙县金井镇农村环境监管现状

3.2.3.3.1　长沙县金井镇环境监管机构人员现状

2013 年，金井镇在镇政府设立了环境保护办公室，共有管理人员 3 人，主要负责本镇日常的环境管理工作，协助县环保局做好相应的工作。总体来看，当地政府有专门的机构和人员管理农村人居环境工作。此外，金井镇成立了环保合作社，招聘了 52 名专业的保洁员，负责全镇 16 个村、社区垃圾的收集、清理，有效地解决了农村环境中最棘手的问题——生活垃圾的收集和处理工作。

3.2.3.3.2　长沙县金井镇农村环境监管制度现状

金井镇在农村人居环境监管方面已经开展了一些工作，并取得了较好的成效。但根据环境监管现状调查结果可知，目前开展的农村环境监管工作主要集中在对畜禽养殖业污染治理和乡镇企业污染物排放的督促和监管，但是对农村废弃物的处理、处置，农业面源污染的防治等还缺乏有效的监管措施，村庄等基层单位对环境监管政策、措施的了解以及监管力度等都有待进一步加强，虽然有关政策和文件中有关于加强农村环境保护方面的相关内容，但尚未建立农村环境监管的相应制度。

3.2.3.3.3　长沙县金井镇农村环境监管技术现状

调查发现，金井镇目前尚未开展地表水、大气和土壤的环境监测工作，区域内的环境质量现状数据基本是空白。在环境管理上，虽然也有专门的环境管理机构和专业人员，制定了一些环境管理的规定，但由于农村环境监管力量薄弱、监管手段相对落后，尚无法使用目前比较先进的环境监管技术。监管的重点还主要集中在农村生活污水、垃圾、畜禽养殖粪便 3 个方面，主要采用人工巡查等常规监管手段，遥感、物联网等监管技术尚未开展。

3.2.3.3.4　监管需求分析

根据对金井镇环境质量监测分析和公众调查分析结果，建议在农村环境监管中加强以下几方面的工作：

（1）保证农村环境监管力量到位。具体来讲就是在人力、物力、财力三方面要有保证。除了乡镇环保机构外，同时在各村民委员会中配备农村环保员，享受村专职干部待遇，负责本村农村环境监管工作。物力方面，乡镇要环保办公场所加挂环境监管方面的牌子，配备必要的交通工具，以及摄像、照相等设备、器材，保证履职的方便、快捷。财力方面，县、乡（镇）两级财政都要拨付一定的经费作为环境监管的工作费用，同时，县级财政在环境监测能力建设方面加大投资，力争监测点位和区域能尽量覆盖农村区域。

（2）建立县、乡（镇）、村三级农村环境监管联席制度和农村环境监管情况报送制度。定期召开县、乡、村三级环保人员参加的农村环境监管联席会议并形成长效机制，定期进行讨论、交流和学习。形成村、乡（镇）、县三级环境监管格局，建立由下而上逐级上报农村环境监管情况的制度，以表格形式定期报送情况，并将此作为考核农村环境监管人员工作业绩的依据。

（3）建立农村环境监管巡察制度。县级环保部门的工作人员要定期或不定期到乡镇，乡镇环保人员要定期或不定期到村里，开展环境保护巡察，目的就是要通过不断地巡察，对农村环境违法行为形成一种高压态势，同时起到宣传作用，鼓励广大农村群众参与，形成更广泛的社会监督。

（4）强化农村环境执法，完善农村环境监管手段。对农村环境污染及违法行为，要本着"谁污染，谁治理"的原则，加大农村环境执法力度，对污染特别严重又无法治理的项目，要坚决关停取缔。对农村环境连片整治项目（污水处理厂等）、农村畜禽养殖污染治理设施以及小城镇污水处理厂等，要采取安装自动监控仪等手段，加强对其运行情况的监管，防止污染治理设施成摆设，造成农村环保投资的浪费。

（5）抓住农村环境监管重点。各级监测部门环境监管的重点有所不同：县级环保部门要把已建成的污染治理设施运行情况、农村项目环评措施落实以及"三同时"执行情况等作为监察重点；乡（镇）、村要将农村新办的工业企业、畜禽养殖以及房屋建设、矿石开采等建设项目作为环境监管重点。发现有新办项目，要及时到场帮助规划、布局，对污染重且会影响水源和周围环境的项目要予以制止，并将情况及时上报县级环保部门。

3.2.4 西部典型农村人居环境质量及监管现状

3.2.4.1 洪雅县农村人居环境质量及监管现状

选择四川省洪雅县市作为西南地区农村的典型区，对当地的农村环境质量现状、监管现状与监管需求等内容进行了深入的调查和分析。

3.2.4.1.1　洪雅县概况

洪雅县地处四川盆地西南边缘，地理坐标为东经 102°49′～103°32′，北纬 29°24′～30°00′，位于成都、乐山、雅安三角地带，东接夹江县、峨眉山市，南靠汉源县、金口河区，西临雅安雨城区、荥经县，北界名山县、丹棱县，全县辖 15 个乡镇 265 个行政村，1 979 个村民小组，14 个居民委员会，总人口 33.08 万。县内气候温和湿润，属中亚热带湿润气候。全县辖区面积 1 896.49 km²，地貌以山地丘陵为主，河谷平坝分布在青衣江、花溪河两岸，素有"七山二水一分田"之称。

3.2.4.1.2　洪雅县农村人居环境质量概况

（1）水环境质量概况

1）地表水环境质量概况。根据 2013 年洪雅县地表水主要断面监测结果（表 3-16），县域层面地表水环境质量良好，除个别断面总氮偶有超标外，其余指标均能达到相应的环境质量标准。

表 3-16　2013 年洪雅县地表水主要断面监测数据　　　　单位：pH 量纲一，其余 mg/L

断面\项目	石棉渡断面	槽渔滩水质自动监测站	青衣江大桥	花溪河大桥	花溪场镇处	安溪河丹洪交界处	安溪河天池桥	瓦屋山大酒店	杨村河柳江大桥
功能区	III	III	III	III	III	III	II	II	III
pH	7.74	7.68	7.76	7.72	7.72	7.74	7.74	7.61	7.37
DO	7.47	7.8	7.46	6.23	6.34	6.43	6.44	7.64	8.25
高锰酸盐指数	2.43	3.54	3.43	4.11	3.44	5.56	3.78	3.35	3.17
BOD_5	2.84	2.71	2.82	2.99	3.14	3.36	2.75	2.83	2.27
$NH_3\text{-}N$	0.343	0.351	0.45	0.557	0.542	0.537	0.457	0.365	0.311
石油类	0.03	0.04	0.03	0.03	0.03	0.02	0.04	0.02	0.02
挥发酚	0.002	0.003	0.003	0.004	0.003	0.002	0.003	0.001	0.001
氟化物	0.4	0.5	0.6	0.64	0.58	0.65	0.457	0.365	0.25
Hg	−1	−1	−1	−1	−1	−1	−1	−1	−1
Pb	−1	−1	−1	−1	−1	−1	−1	−1	−1
氰化物	0.05	0.07	0.1	0.08	0.1	0.15	0.11	0.01	0.02
Cr^{6+}	0.02	0.04	0.03	0.04	0.03	0.04	0.04	0.03	0.02
TP	0.06	0.05	0.1	0.12	0.14	0.17	0.13	0.06	0.06
Cd	−1	−1	−1	−1	−1	−1	−1	−1	−1
Cu	−1	−1	−1	−1	−1	−1	−1	−1	−1
Zn	−1	−1	−1	−1	−1	−1	−1	−1	−1
As	−1	−1	−1	−1	−1	−1	−1	−1	−1
TN	0.54	0.65	0.62	0.71	0.58	0.61	0.73	0.18	0.23
硫化物	0.1	0.14	0.15	0.12	0.14	0.12	0.08	0.06	0.05

2）集中式饮用水水环境质量概况。洪雅县集中式饮用水水源水质达标率100%，青衣江水质常年达到《地表水环境质量标准》（GB 3838—2002）Ⅱ类水质标准。

（2）环境空气质量概况

洪雅县全年空气质量达到和优于二级的天数占全年天数的100%；空气中 SO_2、NO_2 年均浓度值分别为 0.056 mg/m³、0.037 mg/m³，达到（超过）国家二级标准；可吸入颗粒物（PM_{10}）年均浓度值为 0.088 mg/m³，达到（超过）国家二级标准；CO 年均浓度值为 3.8 mg/m³，达到（超过）国家二级标准；氟化物年均浓度值为 5.6 μg/m³，达到（超过）国家二级标准；大气颗粒物中 Pb 含量为 0.24 μg/m³；负氧离子含量极高，达到五级以上。

（3）生态环境质量概况

根据四川省环境监测中心站编写的《全省生态环境质量评价报告》，洪雅县生态环境状况指数（EI）为 92.93，属"优"级。

（4）人居环境建设概况

洪雅县是全国农村环境保护试点县，探索出"四加四"农村环保发展模式，即"一乡一示范，一村一产业，一组一风貌，一户一循环"，得到国家、省、市的充分肯定。同时，以"三清两池六改"（清垃圾、清污泥、清路障，建沼气池、建污水处理池，改房、改厨、改厕、改路、改水、改环境）为主要内容，大力抓新农村建设和环境综合治理。申报中央农村环境综合整治项目 13 个，申请资金 5 000 万元，有效推进农村环境连片综合整治，取得了良好的效果。目前，全县已有 12 个乡镇通过国家级验收，3 个乡镇启动省级生态乡镇创建。

（5）小结

总体来说，洪雅县大气环境质量优良，地表水环境质量良好，集中式饮用水水源水质达标率100%，生态环境状况优良，人居环境建设成效显著。

3.2.4.1.3　洪雅县农村人居环境监管现状

（1）洪雅县环境监管机构人员现状

洪雅县环保局于 2008 年在局机关增设生态农村股，从而有了专门的农村环境管理部门。该县环保局仅有行政编制 5 人，主要为领导岗位，现生态农村股编制人员由县环境监测站借用 1 人，另有 2 人为社会聘用，主要负责洪雅县生态县创建资料整理工作。该县环境监测站现有编制人员 13 名，环境监察执法大队现有编制人员 15 名。由于局机关行政编制不足，多名监测站及监察大队人员在局机关借用，目前没有专门农村监测监察人员。2012 年起，各乡镇社会建设和管理办公室承担乡镇环境保护职能，增挂环境保护办公室，设主任 1 名，由分管环保的副乡镇长兼任，配工作人员 3 名。

（2）监管需求分析

调研组在洪雅县环保局开展了农村环境评估与监管需求问卷调查，共收集包括洪雅县生态办、环保局生态股、监测站、监察大队等在内的 19 份问卷。

在农村环境要素监测需求调查中，地表水、地下水和重点污染源废水的选择比例最高，分别为 68%、74% 和 74%，这表明洪雅县环境监测监管人员对农村水环境最为关注。土壤环境质量的选择比例居其次，达到 63%，说明农村土壤环境质量直接关系农业生产，关系到农民的切身利益，同时还关系到城镇居民的食品安全。环境监管也较受到重视。噪声在所有选项中选择比例最低，仅为 26%，农村环境监测监管需求中噪声相对重要性较低，这可能与农村环境中噪声影响相对较小有关。环境空气质量在城市中最受舆论关注，但在本次调查中关注度相对不高，主要由于洪雅县本身地处西部生态环境较优的地区，空气质量较好，并不是环境监测监管人员重点关注的部分。监测指标上，在水环境项目选择中居前 6 位的为：总大肠杆菌、COD、pH、SS、BOD_5 和 NH_3-N，在大气环境项目选择中居前 6 位的为：$PM_{2.5}$、SO_2、NO_x、PM_{10}、CO 和 O_3，在土壤环境项目选择中居前 6 位的为：Hg、pH、Cd、Pb、有机质含量和 As。

针对农村人居环境污染源以及由此产生的监管需求进行了问卷调查。在引起农村水质恶化的因素中，被调查者中有 89% 认为是养殖业污染造成的；选择生活污水污染，占 74%；而选择工业污染和种植业面源污染的均仅为 21%。结果显示，被调查者认为应重点关注养殖业污染和生活污水污染的治理与监管。

在引起农村空气质量恶化的因素中，被调查者中有 84% 认为是秸秆焚烧污染造成的；选择养殖业污染，占 58%；选择生活燃烧污染，占 42%；而选择工业污染、机动车污染和工地扬尘污染的分别仅为 21%、16% 和 26%。结果显示，应重点关注秸秆焚烧、养殖业污染和生活燃料燃烧污染的治理与监管。

在引起农村土壤质量恶化的因素中，被调查者中有 79% 认为是养殖业污染造成的；其次是种植业污染，占 58%；选择工业污染的仅为 16%。结果显示，应重点关注养殖业污染和种植业污染的治理与监管。

本次调查还对农村环境是否有必要纳入环保部门的日常监管范围进行了问卷调查。被调查者中有 74% 的人认为有必要；16% 的人认为没有必要；11% 的人表示不清楚。调查显示，多数的洪雅县农村环境监测监管人员认为应该将农村环境纳入环保部门的日常监管范围，但是，同时也显示部分人员对此有疑虑，经过进一步的沟通交流，产生疑虑的主要原因是实际工作中缺乏机构、人员以及必要的手段。

3.2.4.2　银川市西夏区镇北堡镇农村人居环境质量及监管现状

选择银川市西夏区镇北堡镇作为西北地区农村的典型区，对当地的农村环境质量现状、监管现状与监管需求等内容进行了深入的调查和分析。

3.2.4.2.1　银川市西夏区镇北堡概况

镇北堡镇地处贺兰山东麓、银川市区西北郊，是贺兰山黄金旅游带腹地，沿山公路贯穿全境，镇区通过镇芦公路可以与银川市北环高速公路连接，交通条件十分便捷。镇域面积 210 km²，土地使用面积约 10 万亩，全镇下辖德林村、华西村、镇北堡村、团结村、昊苑村 5 个行政村和 1 个华西社区。2015 年，全镇人口 3.25 万。

3.2.4.2.2　银川市西夏区镇北堡农村人居环境质量状况

（1）环境空气质量概况

本研究于 2013 年 12 月及 2014 年 8 月，对银川市西夏区镇北堡进行大气采样监测，采集点位于镇北堡镇政府大楼楼顶，主要采样的指标有 3 种不同粒径（TSP/PM_{10}/$PM_{2.5}$）的颗粒物浓度以及颗粒物中重金属、离子组分。

根据《环境空气质量指数（AQI）技术规定（试行）》（HJ 633—2012）对颗粒物分指标空气质量等级进行了分析，发现在 7 天中颗粒物污染较为严重，其中 43% 达到中度污染。即 3 天为中度污染，2 天为轻度污染，1 天为重度污染，1 天为严重污染。该地冬季的颗粒物污染较为严重，如图 3-1。

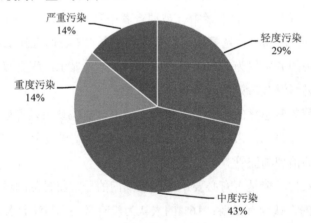

图 3-1　7 天中颗粒物污染空气质量等级比例

如图 3-2 反映了不同粒径中各元素的平均含量，从图中反映出 S、Al、Ca 等元素含量较高。S 含量较高可能与冬季该地的秸秆燃烧有关，Al、Ca 的含量可能与当地的建筑工地地面裸露等带来的地壳元素有关。

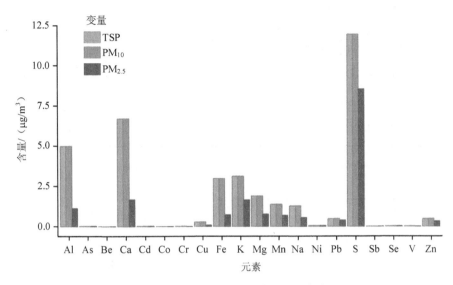

图 3-2　不同粒径中各元素的平均含量

（2）地表水质量监测

银川市西夏区镇北堡地表水水质的采样检测，主要在 2013 年 12 月进行。由于该地处于西北干旱地区，基本无地面水体，因而选取了天然湿地水、污水处理厂下游和农田退水作为检测对象，进行了采样检测。

银川市西夏区镇北堡农村的地表水水质情况如表 3-17 所示。根据《地表水环境质量标准》（GB 3838—2002）地表 V 类水标准评判标准为依据判定，银川市西夏区镇北堡农村的地表水水质除 COD 严重超标以外，其他水质指标均能达到地表 V 类水标准。

表 3-17　银川市西夏区镇北堡农村地表水监测数据

地表水	COD/（mg/L）	TP/（mg/L）	TN/（mg/L）
地表 V 类水标准	40.0	0.400 0	2.000
梁渠稍村天然湿地水	311.8	0.340 0	1.289
污水处理厂下游	155.0	0.360 0	5.341
三闸村农田退水	85.9	0.375 0	1.759

（3）地下水质量监测

本研究于 2013 年 12 月对银川市西夏区镇北堡地下水水质进行采样检测。主要对镇北堡镇水厂地下钻井的井水进行采集检测，地下水水质情况如表 3-18 所示。监测结果表明能够满足地下水质量标准 II 类水标准。

表 3-18　银川市西夏区镇北堡农村地下水监测数据　　　单位：mg/L

采样时间	是否达标	色度	浊度	溴和味	肉眼可见物	pH	As	Hg	Cr⁶⁺	Pb	Cd	Fe	Mn
1月监测值	是	<5	0.45	无	无	7.75	<0.001	<0.000 1	<0.004	<0.002	<0.000 5	<0.05	<0.02
3月监测值	是	<5	0.46	无	无	7.80	<0.001	<0.000 1	<0.004	<0.002	<0.000 5	<0.05	<0.02
地下水环境质量标准Ⅱ类	/	≤5	≤3	无	无	6.5~8.5	≤0.01	≤0.000 5	≤0.01	≤0.01	≤0.001	≤0.2	≤0.05

（4）土壤环境质量监测

为了解银川市西夏区镇北堡的土壤环境质量，一共进行 2 次采样检测，第一次采样点位集中在新华村农村生活污水处理设施附近的农田，了解其农田土壤基本理化性状及养分，监测结果如表 3-19 所示，银川市西夏区镇北堡农村农田的土壤活性较强，该地区土壤肥力水平中等。

表 3-19　银川市西夏区镇北堡农村农田土壤基本理化性状及养分监测结果

	pH	有机质/（mg/kg）	速效氮/（mg/kg）	速效磷/（mg/kg）	速效钾/（mg/kg）
范围	7.6~8.4	5.2~15.84	21.75~120.25	10.13~77.47	190.75~237
均值	8.11	11.575	58.213	38.23	233.79

第二次在该镇区选取 1 块果树（苹果）地、2 块经济作物（枸杞）用地、1 块农村垃圾堆放点周边用地，共 4 个采样点，对土壤类型、pH、有机质、重金属（As、Cu、Pb、Cd、Cr、Hg、Ni 等）及典型农药残留等指标进行分析，结果见表 3-20，分析表明镇北堡镇土壤环境质量较好，除垃圾堆放点周围 Hg 含量达到国家土壤环境质量标准的三级标准外，其余点位的监测指标均能满足土壤环境质量标准的二级标准。

表 3-20　银川市西夏区镇北堡农村土壤环境质量监测结果　　　单位：mg/kg

监测点	土壤类型	pH	有机质	六六六	DDT	As	Cd	Cr	Cu	Hg	Ni	Pb
镇北堡镇苹果园	轻壤土	5.27	22.5	<0.001	<0.001	13	0.10	21.9	23.1	0.189	17.2	31
枸杞田 1#	轻壤土	5.64	52.1	<0.001	<0.001	8.3	0.12	12.1	22.6	0.155	13.1	25.3
枸杞田 2#	轻壤土	5.66	48.9	<0.001	<0.001	10.3	0.13	23.8	31.3	0.167	25.3	31.7
垃圾堆放点周边用地	轻壤土	6.31	59.9	<0.001	<0.001	9.08	0.14	29.2	44.8	0.325	24.4	50.9

（5）人居环境建设概况

2010 年以来，镇北堡镇先后争取中央及地方项目配套资金 1 038 万元，在镇北堡、新华、芦花等 10 个村实施了环境连片整治示范项目，即生活污水收集处理和生活垃圾收集处理两部分，并在镇上建设日处理 500 m^3 湿地污水处理厂 1 座，污水收集管网部分经沿山公路东侧，由南向北铺设水泥主排水管网 2.36 km，设置检查井 34 个；安放分类式果皮箱 85 个、设置垃圾收集箱 70 个，购置自卸式垃圾运转车 1 辆，解决了镇北堡村、新华村的污水和垃圾处理难题。全镇共配备 60 多名保洁员，一个人负责一个村民小组，购置 42 辆新型电动垃圾收集三轮车。

（6）小结

总体来说，镇北堡镇环境空气中颗粒物超标，地下水和土壤环境质量较好。镇北堡镇在镇北堡、新华、芦花等 10 个村实施了环境连片整治示范项目，包括生活污水收集处理和生活垃圾收集处理两部分，解决了镇北堡村、新华村的污水和垃圾处理难题。

3.2.4.2.3　银川市西夏区镇北堡农村环境监管现状

根据目前的调查结果，所选的示范点镇北堡已经开展了农村生活垃圾、生活污水的治理工作，并建设了相关的环保设施，但对于垃圾收集转运系统的运行情况、污水处理设施的监测监管等仍缺乏有效的手段，主要存在以下 3 个方面的问题：

（1）设备设施投入不足，人居环境监管基础设施薄弱。2007 年后农村环保逐渐受到重视，环境保护部出台了相关政策，如"以奖促治""连片治理"等，2008—2013 年投入到农村的环保专项资金不超过 600 亿元，只占全国环境治理投资的 1.5%和城市环境投资的 2.7%，其中中央财政投资额（195 亿元）不到其节能环保支出的 2%，其中投入到农村环境监测监管方面的经费更是严重不足。

（2）尚未建立人居环境质量综合评估与监管的指标体系。农村环境与城市环境存在一定的区别，城市的环境评估与监管体系不适用于农村，目前尚未形成针对农村特征的环境质量评估与监管指标体系。

（3）缺乏行之有效的农村人居环境监管机制。镇北堡为西北典型村镇，存在地域相对较广、人口密度相对较低的特点，乡镇企业以旅游业和农产品加工业为主，环保执法由其他机构代为执行，无针对性监管方式方法，没有形成针对环境质量破坏的持续性、隐蔽性等特征的监管技术，尚未建立起适合于西北农村人居环境的监管机制。突出的监管问题表现如下：一是基础设施薄弱，人员组织不足，镇北堡镇每年废水产生量 8 977.2 t、固体废弃物 25 330.4 t，废水处理基本饱和，固体废弃转运能力不足，无法满足垃圾全部转运，二是没有专门的管理部门和人员，尚未形成成熟的监管制度，亟须组建专业监管队伍，制定科学的监管制度，并配备小型化的快速测定装备。

3.3 存在的问题

由以上分析可知,虽然我国农村人居环境整治取得了一定进展,但是农村人居环境形势依然严峻、水环境和土壤环境是农村环境的突出问题。在农村基础设施建设方面,农村现阶段已建设了大批环保基础设施,显著提升了农村的环保能力,对改善当地农村人居环境起到了明显的作用。但是,存在长效管理能力滞后等问题。虽然农村生活垃圾收运处理总体运转良好,但是农村生活污水处理问题突出。

东部地区农村环境监管在人员配置、制度建设、基础设施配套等方面都强于中、西部地区,但距离对农村环境开展全面监管还有很大的差距。整体上我国农村环境监管仍是基础薄弱、力量不足,尤其是缺乏对生态环境、居住环境及农村污染源进行有效监管的技术规范,农村环境监管仍存在重建设、轻管理的问题,且公众参与度不够。

第4章 新农村人居环境质量综合评估指标体系的建立

构建科学合理的指标体系是新农村人居环境质量综合评估的核心部分，是关系到评估结果可信度的关键因素。本章首先梳理了已出台的相关指标体系，做好与现有相关指标体系的衔接，其次阐述本次指标体系构建原则，最后介绍指标体系总体框架、评估指标的选取及数据获取方法。

4.1 现有指标体系概述

为提高指标的科学合理性，做好与国家现行相关指标体系的衔接，本研究详细梳理了现有相关指标，主要包括生态省、生态市、生态县、生态乡镇、生态村指标体系，国家环境保护模范城市考核指标，小康社会统计监测指标体系中反映环境状况的环境质量指数，环境综合整治定量考核指标等，具体如下。

4.1.1 国家及地方现有综合环境质量评估方法

4.1.1.1 全面建设小康社会统计监测指标体系中的环境质量指数

2003 年年初，国家统计局统计科学研究所研究制定全面建设小康社会统计监测指标体系；2007 年又根据党的十七大提出的新要求对指标体系做了重要修订。为便于各地开展监测工作，2008 年 6 月由国家统计局正式印发了《全面建设小康社会统计监测方案》（国统字〔2008〕77 号），方案中的指标体系由经济发展、社会和谐、生活质量、民主法制、文化教育、资源环境 6 个方面 23 项指标组成。

国家统计局认为环境质量是包括水环境、大气环境、土壤环境、生态环境、地质环境、噪声等环境要素优劣的一个综合概念。但是考虑环境统计数据的限制，环境质量指数的计算目前暂由水环境、大气环境、绿化等环境要素构成，待条件成熟时，再加入其他要素。

现阶段环境质量综合指数包括：城市空气质量达标率、地表水达标率和国土绿化达标率。

（1）城市空气质量达标率：指辖区内城市全年空气质量良好以上天数（即空气污染指数 API 小于或等于 100 的天数）占总天数比例的平均值。

（2）地表水达标率：指辖区内各地表水环境功能区断面全年监测结果均值按相应水域功能目标评价达标的断面数占总断面数的比例。计算公式：

$$地表水达标率 = \frac{辖区内各地表水环境功能区断面中全年水质达标的断面数}{辖区内各地表水环境功能区断面总数} \qquad (4-1)$$

（3）国土绿化达标率：指辖区内森林覆盖率与目标值（23%）的比率。计算公式：

$$国土绿化达标率 = \frac{森林覆盖率(\%)}{23\%} \times 100\%^{①} \qquad (4-2)$$

（4）环境质量指数的计算公式为：

环境质量指数=城市空气质量达标率×40%+地表水达标率×40%+国土绿化达标率×20%

$$(4-3)$$

4.1.1.2　江苏省小康社会"环境质量综合指数"考核办法

针对江苏省建设小康社会的要求，原江苏省环境保护局发布了《江苏省小康社会"环境质量综合指数"考核办法》（苏环计〔2005〕003 号），该办法选取环境空气质量良好天数百分率、集中式饮用水水源地水质达标率、水域功能区水质达标率及城市环境噪声达标区覆盖率 4 个指标计算环境质量综合指数。

环境质量综合指数计算公式：

环境质量综合指数=（环境空气质量良好天数百分率×30）+（集中式饮用水水源地水质达标率×20）+（水域功能区水质达标率×40）+（城市环境噪声达标区覆盖率×10）

$$(4-4)$$

式中，环境空气质量良好天数百分率指省辖城市及所辖县（市）城区全年空气质量良好以上天数（空气污染指数 API 小于或等于 100 的天数）占全年天数比例的平均值。

集中式饮用水水源地水质达标率指省辖城市市区和所辖县（市）城区从集中式饮用水水源地取得的水量中，地表水水源水质达到《地表水环境质量标准》（GB 3838—2002）Ⅲ类标准的水量占取水总量的百分比。参评项目与监测频次按集中式饮用水水源要求的监测项目与频次执行，地表水源监测项目 26 项，其中必测项目 9 项：水温、pH、溶解氧、高锰酸盐指数、NH_3-N、氟化物、挥发酚、石油类、粪大肠菌群，每月监测 1 次。选测项目 17 项：硫酸盐、BOD_5、氯化物、Fe、Mn、硝酸盐、Cu、Zn、Se、As、Hg、

---

① 资料来源：环保部门统计资料和公报。

Cd、Cr^{6+}、Pb、氰化物、LAS、硫化物，每年 1 月和 7 月各监测 1 次，凡超过地表水 II 类标准的项目，每月监测 1 次。

水域功能区水质达标率指全市所有水域功能区断面全年监测结果均值按相应水域功能目标评价达标的断面数占总断面数的比例。参评项目：pH、溶解氧、高锰酸盐指数、BOD_5、$NH_3\text{-}N$、Hg、Pb、挥发酚、石油类 9 项。监测频次：按例行水环境监测断面监测频次执行，采用隔月（1 月、3 月、5 月、7 月、9 月、11 月）监测数据。水域功能区监测断面水质达标评价，是把 9 项例行监测项目年均值与考核目标对比（太湖流域国家考核的 20 个主要出入湖控制断面和 45 个行政交界高锰酸盐指数和 $NH_3\text{-}N$ 两项指标按国家"十五"考核目标执行），有 1 项不达标则该断面全年水质考核为不达标。

城市环境噪声达标区覆盖率是指全市（含所辖县、市）环境噪声达标区面积之和占全市建成区面积之和的比率。

4.1.2　生态环境部发布的生态环境质量综合评估与考核办法

4.1.2.1　生态环境状况评价技术规范（试行）

原国家环保总局于 2006 年发布的《生态环境状况评价技术规范（试行）》，提出植被覆盖指数、生物丰度指数、土地退化指数、水网密度指数、污染负荷指数 5 个生态环境指数，并综合计算出生态环境状况指数，同时确定各个指数的指标权重及计算方法。这一规范明确了生态环境质量评价的指标及计算方法，同时实现了全国范围内各地的生态环境状况的横向定量比较。

$$生态环境状况指数=0.2×植被覆盖指数+0.2×生物丰度指数+$$
$$0.2×土地退化指数+0.2×水网密度指数+0.2×污染负荷指数 \qquad (4\text{-}5)$$

4.1.2.2　生态省建设指标

4.1.2.2.1　**基本条件**

（1）制定了《生态省建设规划纲要》，并通过省人大常委会审议、颁布实施。国家有关环境保护法律、法规、制度及地方颁布的各项环保规定、制度得到有效的贯彻执行。

（2）全省县级（含县级）以上政府（包括各类经济开发区）有独立的环保机构。环境保护工作纳入市（含地级行政区）党委、政府领导班子实绩考核内容，并建立相应的考核机制。

（3）完成国家下达的节能减排任务。3 年内无重大环境事件，群众反映的各类环境问题得到有效解决。外来入侵物种对生态环境未造成明显影响。

（4）生态环境质量评价指数位居国内前列或不断提高。

（5）全省 80%的地市达到生态市建设指标并获命名。

4.1.2.2.2 建设指标

建设指标详见表 4-1。

表 4-1 生态省建设指标

	序号	名称		单位	指标	说明
经济 发展	1	农民年人均 纯收入	东部地区	元/人	≥8 000	约束性指标
			中部地区		≥6 000	
			西部地区		≥4 500	
	2	城镇居民年 人均可支配 收入	东部地区	元/人	≥16 000	约束性指标
			中部地区		≥14 000	
			西部地区		≥12 000	
	3	环保产业比重		%	≥10	参考性指标
生态 环境 保护	4	森林覆盖率	山区	%	≥65	约束性指标
			丘陵区		≥35	
			平原地区		≥12	
			高寒区或草原区林草覆盖率		≥80	
	5	受保护地区占国土面积比例		%	≥15	约束性指标
	6	退化土地恢复率		%	≥90	参考性指标
	7	物种保护指数		—	≥0.9	参考性指标
	8	主要河流年 水消耗量	省内河流	—	<40%	参考性指标
			跨省河流		不超过国家分配的水资源量	
	9	地下水超采率		%	0	参考性指标
	10	主要污染物 排放强度	化学需氧量（COD）	kg/万元 （GDP）	<5.0	约束性指标
			二氧化硫（SO$_2$）		<6.0 且不超过国家总量控制指标	
	11	降水 pH 年均值			≥5.0	约束性指标
		酸雨频率		%	<30	
	12	空气环境质量		—	达到功能区标准	约束性指标
	13	水环境质量		—	达到功能区标准，且过境河流 水质达到国家规定要求	约束性指标
		近岸海域水环境质量				
	14	环境保护投资占 GDP 的比重		%	≥3.5	约束性指标
社会 进步	15	城市化水平		%	≥50	参考性指标
	16	基尼系数		—	0.3～0.4	参考性指标

4.1.2.3　生态市（含地级行政区）建设指标

4.1.2.3.1　基本条件

（1）制订了《生态市建设规划》，并通过市人大审议、颁布实施。国家有关环境保护法律、法规、制度及地方颁布的各项环保规定、制度得到有效的贯彻执行。

（2）全市县级（含县级）以上政府（包括各类经济开发区）有独立的环保机构。环境保护工作纳入县（含县级市）党委、政府领导班子实绩考核内容，并建立相应的考核机制。

（3）完成上级政府下达的节能减排任务。3 年内无较大环境事件，群众反映的各类环境问题得到有效解决。外来入侵物种对生态环境未造成明显影响。

（4）生态环境质量评价指数在全省名列前茅。

（5）全市 80%的县（含县级市）达到国家生态县建设指标并获命名；中心城市通过国家环保模范城市考核并获命名。

4.1.2.3.2　建设指标

建设指标详见表 4-2。

表 4-2　生态市建设指标

	序号	名称		单位	指标	说明
经济发展	1	农民年人均纯收入	经济发达地区	元/人	≥8 000	约束性指标
			经济欠发达地区		≥6 000	
	2	第三产业占 GDP 比例		%	≥40	参考性指标
	3	单位 GDP 能耗		t 标煤/万元	≤0.9	约束性指标
	4	单位工业增加值新鲜水耗		m³/万元	≤20	约束性指标
		农业灌溉水有效利用系数			≥0.55	
	5	应当实施强制性清洁生产企业通过验收的比例		%	100	约束性指标
生态环境保护	6	森林覆盖率	山区	%	≥70	约束性指标
			丘陵区		≥40	
			平原地区		≥15	
			高寒区或草原区林草覆盖率		≥85	
	7	受保护地区占国土面积比例		%	≥17	约束性指标
	8	空气环境质量		—	达到功能区标准	约束性指标
	9	水环境质量		—	达到功能区标准，且城市无劣 V 类水体	约束性指标
		近岸海域水环境质量				

	序号	名称		单位	指标	说明
生态环境保护	10	主要污染物排放强度	化学需氧量（COD）	kg/万元（GDP）	<4.0	约束性指标
			二氧化硫（SO₂）		<5.0 不超过国家总量控制指标	
	11	集中式饮用水源水质达标率		%	100	约束性指标
	12	城市污水集中处理率		%	≥85	约束性指标
		工业用水重复率			≥80	
	13	噪声环境质量		—	达到功能区标准	约束性指标
	14	城镇生活垃圾无害化处理率 工业固体废物处置利用率		%	≥90	约束性指标
					≥90	
					且无危险废物排放	
	15	城镇人均公共绿地面积		m²/人	≥11	约束性指标
	16	环境保护投资占 GDP 的比重		%	≥3.5	约束性指标
社会进步	17	城市化水平		%	≥55	参考性指标
	18	采暖地区集中供热普及率		%	≥65	参考性指标
	19	公众对环境的满意率		%	>90	参考性指标

4.1.2.4　生态县（含县级市）建设指标

4.1.2.4.1　基本条件

（1）制订了《生态县建设规划》，并通过县人大审议、颁布实施。国家有关环境保护法律、法规、制度及地方颁布的各项环保规定、制度得到有效的贯彻执行。

（2）有独立的环保机构。环境保护工作纳入乡镇党委、政府领导班子实绩考核内容，并建立相应的考核机制。

（3）完成上级政府下达的节能减排任务。3 年内无较大环境事件，群众反映的各类环境问题得到有效解决。外来入侵物种对生态环境未造成明显影响。

（4）生态环境质量评价指数在全省名列前茅。

（5）全县 80%的乡镇达到全国环境优美乡镇考核标准并获命名。

4.1.2.4.2　建设指标

建设指标详见表 4-3。

表 4-3　生态县建设指标

	序号	名称		单位	指标	说明
经济发展	1	农民年人均纯收入	经济发达地区	元/人		约束性指标
			县级市（区）		≥8 000	
			县		≥6 000	
			经济欠发达地区			
			县级市（区）		≥6 000	
			县		≥4 500	
	2	单位 GDP 能耗		t 标煤/万元	≤0.9	约束性指标
	3	单位工业增加值新鲜水耗		m³/万元	≤20	约束性指标
		农业灌溉水有效利用系数			≥0.55	
	4	主要农产品中有机、绿色及无公害产品种植面积的比重		%	≥60	参考性指标
生态环境保护	5	森林覆盖率	山区	%	≥75	约束性指标
			丘陵区		≥45	
			平原地区		≥18	
			高寒区或草原区林草覆盖率		≥90	
	6	受保护地区占国土面积比例	山区及丘陵区	%	≥20	约束性指标
			平原地区		≥15	
	7	空气环境质量		—	达到功能区标准	约束性指标
	8	水环境质量		—	达到功能区标准，且省控以上断面过境河流水质不降低	约束性指标
		近岸海域水环境质量				
	9	噪声环境质量		—	达到功能区标准	约束性指标
	10	主要污染物排放强度	化学需氧量（COD）	kg/万元（GDP）	<3.5	约束性指标
			二氧化硫（SO₂）		<4.5 且不超过国家总量控制指标	
	11	城镇污水集中处理率		%	≥80	约束性指标
		工业用水重复率			≥80	
	12	城镇生活垃圾无害化处理率		%	≥90	约束性指标
		工业固体废物处置利用率			≥90 且无危险废物排放	
	13	城镇人均公共绿地面积		m²	≥12	约束性指标
	14	农村生活用能中清洁能源所占比例		%	≥50	参考性指标
	15	秸秆综合利用率		%	≥95	参考性指标
	16	规模化畜禽养殖场粪便综合利用率		%	≥95	约束性指标

	序号	名称	单位	指标	说明
	17	化肥施用强度（折纯）	kg/hm^2	＜250	参考性指标
	18	集中式饮用水水源水质达标率	%	100	约束性指标
		村镇饮用水卫生合格率			
	19	农村卫生厕所普及率	%	≥95	参考性指标
	20	环境保护投资占 GDP 的比重	%	≥3.5	约束性指标
社会进步	21	人口自然增长率	‰	符合国家或当地政策	约束性指标
	22	公众对环境的满意率	%	＞95	参考性指标

4.1.2.5 生态乡镇建设指标

4.1.2.5.1 基本条件

（1）机制健全。建立了乡镇环境保护工作机制，成立以乡镇政府领导为组长，相关部门负责人为成员的乡镇环境保护工作领导小组。乡镇设置了专门的环境保护机构或配备了专职环境保护工作人员，建立了相应的工作制度。

（2）基础扎实。达到本省（区、市）生态乡镇（环境优美乡镇）建设指标 1 年以上，且 80%以上行政村达到市（地）级以上生态村建设标准。编制或修订了乡镇环境保护规划，并经县级人大或政府批准后组织实施 2 年以上。

（3）政策落实。完成上级政府下达的主要污染物减排任务。认真贯彻执行环境保护政策和法律法规，乡镇辖区内无滥垦、滥伐、滥采、滥挖现象，无捕杀、销售和食用珍稀野生动物现象，近 3 年内未发生较大（III级）以上级别环境污染事件。基本农田得到有效保护。草原地区无超载过牧现象。

（4）环境整洁。乡镇建成区布局合理，公共设施完善，环境状况良好。村庄环境无"脏、乱、差"现象，秸秆焚烧和"白色污染"基本得到控制。

（5）公众满意。乡镇环境保护社会氛围浓厚，群众反映的各类环境问题得到有效解决。公众对环境状况的满意率≥95%。

4.1.2.5.2 建设指标

建设指标详见表 4-4。

表 4-4　生态乡镇建设指标

类别	序号	指标名称		指标要求		
				东部	中部	西部
环境质量	1	集中式饮用水水源地水质达标率（%）		100		
		农村饮用水卫生合格率（%）		100		
	2	地表水环境质量		达到环境功能区或环境规划要求		
		空气环境质量				
		声环境质量				
环境污染防治	3	建成区生活污水处理率（%）		80	75	70
		开展生活污水处理的行政村比例（%）		70	60	50
	4	建成区生活垃圾无害化处理率（%）		≥95		
		开展生活垃圾资源化利用的行政村比例（%）		90	80	70
	5	重点工业污染源达标排放率（%）		100		
	6	饮食业油烟达标排放率（%）**		≥95		
	7	规模化畜禽养殖场粪便综合利用率（%）		95	90	85
	8	农作物秸秆综合利用率（%）		≥95		
	9	农村卫生厕所普及率（%）		≥95		
	10	农用化肥施用强度［折纯，kg/（hm^2·a）］		<250		
		农药施用强度［折纯，kg/（hm^2·a）］		<3.0		
生态保护与建设	11	使用清洁能源的居民户数比例（%）		≥50		
	12	人均公共绿地面积（m^2/人）		≥12		
	13	主要道路绿化普及率（%）		≥95		
	14	森林覆盖率（%，高寒区或草原区考核林草覆盖率）*	山区、高寒区或草原区	≥75		
			丘陵区	≥45		
			平原区	≥18		
	15	主要农产品中有机、绿色及无公害产品种植（养殖）面积的比重（%）		≥60		

注：* 仅考核乡镇、农场；

　　** 仅考核涉农街道。

4.1.2.6　生态村建设指标

4.1.2.6.1　基本条件

（1）制定了符合区域环境规划总体要求的生态村建设规划，规划科学，布局合理、村容整洁，宅边路旁绿化，水清气洁；

（2）村民能自觉遵守环保法律法规，具有自觉保护环境的意识，近 3 年内没有发生环境污染事故和生态破坏事件；

（3）经济发展符合国家的产业政策和环保政策；

（4）有村规民约和环保宣传设施，倡导生态文明。

4.1.2.6.2　考核指标

考核指标详见表4-5。

表4-5　生态村建设指标

指标	序号	名称	东部	中部	西部
经济水平	1	村民人均年纯收入［元/（人·a）］	≥8 000	≥6 000	≥4 000
环境卫生	2	饮用水卫生合格率（%）		≥95	
	3	户用卫生厕所普及率（%）	100	≥90	≥80
污染控制	4	生活垃圾定点存放清运率（%）		100	
		无害化处理率（%）	100	≥90	≥80
	5	生活污水处理率（%）	≥90	≥80	≥70
	6	工业污染物排放达标率（%）		100	
资源保护与利用	7	清洁能源普及率（%）	≥90	≥80	≥70
	8	农膜回收率（%）	≥90	≥85	≥80
	9	农作物秸秆综合利用率（%）	≥90	≥80	≥70
	10	规模化畜禽养殖废弃物综合利用率（%）	100	≥90	≥80
可持续发展	11	绿化覆盖率（%）		高于全县平均水平	
	12	无公害、绿色、有机农产品基地比例（%）		≥50	
	13	农药化肥平均施用量		低于全县平均水平	
	14	农田土壤有机质含量		逐年上升	
公众参与	15	村民对环境状况满意率（%）		≥95	

4.1.2.7　《国家环境保护模范城市考核指标及其实施细则（第六阶段）》

根据《国家环境保护模范城市考核指标及其实施细则（第六阶段）》，国家环境保护模范城市指标体系包括五个方面共26项指标，第一方面为基本条件，含3项指标；第二方面为社会经济，含4项指标；第三方面为环境质量，含5项指标；第四方面为环境建设，含8项指标；第五方面为环境管理，含6项指标（表4-6）。

表 4-6　国家环境保护模范城市指标体系

指标类别	序号	考核指标
基本条件	1	按期完成国家和省下达的主要污染物总量削减任务
	2	近 3 年城市市域内未发生重大、特大环境污染和生态破坏事故，前 1 年未有重大违反环保法律法规的案件，制定环境突发事件应急预案并进行演练
	3	城市环境综合整治定量考核连续 3 年名列本省（自治区）前列
经济社会	4	人均可支配收入；环境保护投资指数
	5	规模以上单位工业增加值能耗
	6	单位 GDP 用水量
	7	万元工业增加值主要污染物排放强度
环境质量	8	空气质量
	9	集中式饮用水水源地水质达标
	10	城市水环境功能区水质达标
	11	区域环境噪声平均值
	12	交通干线噪声平均值
环境建设	13	建成区绿化覆盖率
	14	城市生活污水集中处理率
	15	重点工业企业污染物排放稳定达标
	16	城市清洁能源使用率
	17	机动车环保定期检测率
	18	生活垃圾无害化处理率
	19	工业固体废物处置利用率≥90%
	20	危险废物依法安全处置
环境管理	21	环保目标责任制落实到位，环境指标已纳入党政领导干部政绩考核，制定"创模"规划并分解实施，实行环境质量公告制度，重点项目落实
	22	建设项目依法执行环评、"三同时"，依法开展规划环境影响评价
	23	环境保护机构独立建制，环境保护能力建设达到国家标准化建设要求
	24	公众对城市环境保护的满意率
	25	中小学环境教育普及率
	26	城市环境卫生工作落实到位，城乡接合部及周边地区环境管理符合要求

4.1.2.8　"十二五"城市环境综合整治定量考核指标

　　为加强城市环境综合整治工作，提高城市环境质量，原环境保护部开展了城市环境综合整治定量考核工作。其内容主要包括 8 项环境质量指标、6 项污染控制指标、3 项环境建设指标和 2 项环境管理指标（表 4-7）。

表 4-7 "十二五"城市环境综合整治定量考核指标

指标类别	考核项目		分值	
环境质量	API 指数≤100 的天数占全年天数比例		3	
	可吸入颗粒物浓度年均值		4	
	SO_2 浓度年均值		4	
	NO_2 浓度年均值		4	
	集中式饮用水水源地水质达标率		8	
	城市水环境功能区水质达标率	地表水环境功能区水质达标率	6	4
		近岸海域环境功能区水质达标率	0	2
		出入境水质变化	2	2
	区域环境噪声平均值		3	
	交通干线噪声平均值		3	
污染控制	清洁能源使用率		2	
	机动车环保定期检测率		5	
	工业固体废物处置利用率		2	
	危险废物集中处置率	工业危险废物处置率	7	
		医疗废物集中处置率	4	
		废旧放射源安全送贮率	1	
	重点工业企业排放达标率	工业废水排放达标率	3	
		工业烟尘排放达标率	2	
		工业二氧化硫排放达标率	3	
		工业粉尘排放达标率	2	
	万元工业增加值主要污染物排放强度	万元工业增加值废水排放强度	1	
		万元工业增加值化学需氧量排放强度	0.5	
		万元工业增加值烟尘排放强度	0.5	
		万元工业增加值二氧化硫排放强度	1	
环境建设	生活污水集中处理率		8	
	生活垃圾无害化处理率		8	
	建成区绿化覆盖率		3	
环境管理	环境保护机构建设		7	
	公众对城市环境保护的满意率		3	

4.1.3　地方发布的村庄环境整治综合评价与考核方法

江苏省发布的《关于印发江苏省村庄环境整治考核标准的通知》(苏政办发〔2012〕

7 号）指出，为贯彻落实《省委省政府关于以城乡发展一体化为引领全面提升城乡建设水平的意见》（苏发〔2011〕28 号）以及《省委办公厅省政府办公厅关于印发〈全省村庄环境整治行动计划〉的通知》（苏办发〔2011〕40 号）精神，指导各地有力有序推进村庄环境整治工作，确保按期高质量完成村庄环境整治目标任务，按照"因地制宜、分类引导、便于考核"的原则，制定《江苏省村庄环境整治考核标准》。

《江苏省村庄环境整治考核标准》包括环境整洁村和康居乡村两个标准体系，其中，康居乡村分为一、二、三星级三个等级。《江苏省村庄环境整治考核标准（环境整洁村）》主要根据"三整治""一保障"（突出对生活垃圾、乱堆乱放、河道沟塘等环境卫生问题的整治，保障农民群众基本生活需求）的要求设定，适用于全省非规划布点村庄的环境整治。《江苏省村庄环境整治考核标准（一、二、三星级康居乡村）》主要根据"六整治""六提升"（重点整治生活垃圾、生活污水、乱堆乱放、工业污染源、农业废弃物、河道沟塘，着力提升公共设施配套、绿化美化、饮用水安全保障、道路通达、建筑风貌特色化、村庄环境管理水平）的要求设定，其中，《江苏省村庄环境整治考核标准（一星级康居乡村）》主要适用于苏中、苏北地区大部分规划布点村庄的环境整治；《江苏省村庄环境整治考核标准（二星级康居乡村）》主要适用于苏南地区大部分和苏中、苏北地区经济条件相对较好的规划布点村庄，以及城市主要出入口、主要交通干线沿线、旅游景区周边和重要水系、水体、江河湖泊周边的规划布点村庄；《江苏省村庄环境整治考核标准（三星级康居乡村）》主要适用于引导各地结合自然条件、经济社会发展水平、产业特点和文化传统等，建设一批"布局合理、道路通畅、设施配套、环境宜居、特色鲜明"的示范村庄（表 4-8～表 4-11）。

表 4-8　江苏省村庄环境整治考核标准（环境整洁村）

序号	项目	达标要求	分值
1	村庄风貌 （50 分）	1. 建筑外观整洁，位于城镇主要出入口、主要交通干线沿线的村庄实施建筑物出新	20
		2. 利用现有自然条件，加强村庄绿化，对古树名木采取了保护措施	10
		3. 无露天粪坑和乱堆乱放	10
		4. 无污水塘、臭水沟，河道沟塘无垃圾、杂物和漂浮物	10
2	环境卫生 （30 分）	1. 生活垃圾及时清扫保洁、收集、转运	15
		2. 无露天焚烧秸秆，规模化、集约化畜禽养殖污染物得到有效治理	5
		3. 制定了维护村庄环境卫生的村规民约并有效执行	5
		4. 有明确的卫生保洁、垃圾收运人员负责村庄环境卫生日常管理	5
3	配套设施 （20 分）	1. 饮用水水质、水压、水量满足需求	10
		2. 道路满足居民基本出行需求	10

表 4-9 江苏省村庄环境整治考核标准（一星级康居乡村）

序号	项目	达标要求	分值
1	村庄风貌 （50分）	1. 建筑外观整洁，位于城镇主要出入口、主要交通干线沿线及有条件的村庄实施建筑物出新或外立面整治	20
		2. 无乱砍滥伐，对古树名木采取了保护措施	2
		3. 对村旁、宅旁、水旁、路旁以及村口、庭院、公共活动场地进行了绿化	2
		4. 苏南地区村庄绿化覆盖率达 30%以上，苏中、苏北地区村庄绿化覆盖率达 35%以上	6
		5. 无露天粪坑，无乱堆乱放和乱搭乱建	14
		6. 无污水塘、臭水沟，河道沟塘水体清洁，无垃圾、杂物和漂浮物	6
2	环境卫生 （30分）	1. 生活垃圾及时清扫保洁、收集、转运	10
		2. 雨水排放通畅，雨后路面无明显积水	3
		3. 卫生户厕无害化达标率达 90%以上	3
		4. 生活污水实行有组织收集，无乱排现象	4
		5. 对现有工业污染源依法进行整治，村内无新增工业污染企业	3
		6. 无露天焚烧秸秆，农作物秸秆综合利用率达 90%以上；规模畜禽养殖场粪便无害化处理和资源化利用率达 85%以上	3
		7. 制定了维护村庄环境卫生的村规民约并有效执行	2
		8. 有明确的卫生保洁、垃圾收运人员负责村庄环境卫生日常管理	2
3	配套设施 （20分）	1. 公路达村，满足村民出行需求	5
		2. 村内主要道路实现硬质化，次要道路及宅间路尽可能采用乡土生态材料铺设	3
		3. 饮用水水质、水压、水量满足需求	3
		4. 农村饮用水水源地得到保护	2
		5. 电力、有线电视、通信等通村入户	2
		6. 村级公共服务功能基本满足农民生产生活要求	5

表 4-10 江苏省村庄环境整治考核标准（二星级康居乡村）

序号	项目	达标要求	分值
1	村庄风貌 （50分）	1. 实施建筑物出新，建筑外观整洁、协调；有条件村庄对建筑及环境实施风貌整治	20
		2. 具有传统建筑风貌和历史文化价值的民宅、公共建筑得到保护和修缮	4
		3. 无乱砍滥伐，对古树名木采取了保护措施	2
		4. 对村旁、宅旁、水旁、路旁以及村口、庭院等进行了绿化	2
		5. 因地制宜建设村庄公共绿地	2
		6. 苏南地区村庄绿化覆盖率达 30%以上，苏中、苏北地区村庄绿化覆盖率达 35%以上	4
		7. 无露天粪坑，无乱堆乱放、乱搭乱建和乱贴乱画	8
		8. 电力、电信、有线电视等线路架设有序	2
		9. 无污水塘、臭水沟	2
		10. 河道、沟塘淤积得到疏浚，水体清洁，无有害水生植物、垃圾杂物和漂浮物	4

序号	项目	达标要求	分值
2	环境卫生（30分）	1．生活垃圾及时清扫保洁、收集、转运，无暴露垃圾和积存垃圾	8
		2．雨水排放通畅，雨后路面无明显积水	2
		3．卫生户厕无害化达标率达95%以上	4
		4．生活污水实行有组织收集，无乱排现象	4
		5．在村庄适宜位置至少配建1座三类水冲式公共厕所	2
		6．对现有工业污染源依法进行整治，村内无新增工业污染企业	3
		7．无露天焚烧秸秆，农作物秸秆综合利用率达95%以上；规模畜禽养殖场粪便无害化处理和资源化利用率达90%以上	3
		8．制定了维护村庄环境卫生的村规民约并有效执行	2
		9．有明确的卫生保洁、垃圾收运人员负责村庄环境卫生日常管理	2
3	配套设施（20分）	1．公路达村	2
		2．村内主要道路实现硬质化，在一侧合理设置路灯照明；次要道路及宅间路尽可能采用乡土生态材料铺设	3
		3．结合村庄实际，建有满足需求的停车场地	1
		4．饮用水水质、水压、水量满足需求	2
		5．村民自来水入户率达98%以上	2
		6．农村饮用水水源地得到保护	2
		7．电力、有线电视、通信等通村入户	1
		8．村级公共服务功能基本完善，公共活动和健身运动场地基本配套	7

表4-11　江苏省村庄环境整治考核标准（三星级康居乡村）

序号	项目	达标要求	分值
1	村庄风貌（50分）	1．实施建筑物出新或建筑与环境风貌整治，建筑风貌体现地域及传统文化特色	20
		2．具有传统建筑风貌和历史文化价值的民宅、公共建筑得到保护和修缮；破败空心房、废弃住宅得到合理整治	2
		3．太阳能利用和建筑有机协调，屋面设施安装整齐，不影响观瞻	2
		4．结合村庄形态和自然条件，在村口适宜位置设置村庄标识	2
		5．无乱砍滥伐，对古树名木采取了保护措施	2
		6．对村旁、宅旁、水旁、路旁以及村口、庭院等进行绿化和美化；因地制宜建设村庄公共绿地	3
		7．绿化品种乡土、适宜，形成四季有绿、季相分明、乡土自然的绿化景观	2
		8．苏南地区村庄绿化覆盖率达30%以上，苏中、苏北地区村庄绿化覆盖率达35%以上	4
		9．无露天粪坑、乱堆乱放和乱搭乱建，电力、电信、有线电视等线路架设有序	5
		10．户外广告、招贴设置规范，尺寸、色彩与周边环境协调	2
		11．无污水塘、臭水沟，河道、沟塘淤积得到疏浚	3
		12．河道、沟塘水体清洁，无有害水生植物、垃圾杂物和漂浮物，河塘坡岸自然、生态	3

序号	项目	达标要求	分值
2	环境卫生（30分）	1. 采用上门收集或配置密封垃圾箱（桶）等方式，使生活垃圾得到及时清扫、收集	2
		2. 合理布置垃圾箱（桶），并与村庄风貌协调	2
		3. 配备转运车辆，生活垃圾日产日清，无暴露垃圾和积存垃圾	4
		4. 有完善的雨水排放明沟暗渠体系，雨水排放通畅，路面无明显积水	2
		5. 卫生户厕无害化达标率达98%以上	2
		6. 生活污水有效收集、处理	4
		7. 在村庄适宜位置至少配建1座三类水冲式公共厕所	2
		8. 对现有工业污染源依法进行整治，村内无新增工业污染企业	2
		9. 无露天焚烧秸秆，农作物秸秆综合利用率达100%；规模畜禽养殖场粪便无害化处理和资源化利用率达95%以上	3
		10. 农业废弃物利用设施与村庄的整体风貌相协调	1
		11. 编制切实可行的村庄环境整治方案，并在村内显著位置公布	2
		12. 制定维护村庄环境卫生的村规民约并有效执行	2
		13. 有明确的卫生保洁、垃圾收运、绿化养护人员负责村庄环境卫生日常管理	2
3	配套设施（20分）	1. 通村道路满足客运公交要求	2
		2. 村内主要道路实现硬质化，在一侧合理设置路灯照明，次要道路及宅间路尽可能采用乡土生态材料铺设	3
		3. 新建村内道路走向与村庄形态、地形地貌有机结合，宽度适宜	2
		4. 结合村庄实际，建有满足停车需求的公共停车场地	1
		5. 饮用水水质、水压、水量满足需求	2
		6. 村民自来水入户率达100%	2
		7. 农村饮用水水源地得到保护	2
		8. 电力、有线电视、通信等通村入户	1
		9. 村级便民服务、科技服务、医疗服务、就业创业服务、平安服务、文体活动、群众议事等功能完善、规模适度	3
		10. 公共活动场地和健身运动场地设施配套	2

4.2 指标体系构建原则

4.2.1 科学性原则

评估指标体系的构建，包括指标体系层次、指标选取必须有合理的科学依据，满足科学性原则。在充分认识农村环境系统的结构功能特征的基础上，选取能客观和真实反映环境状况的指标，指标概念必须清晰明确且具有一定具体的科学内涵，以保证评估结果有效反映农村环境质量长期、动态变化过程。

4.2.2　指导性原则

指标体系必须反映国家环境管理的相关要求，对农村环境保护和人居环境建设工作具有指导作用。评估指标与国家现行环境评估管理相关指标相衔接。

4.2.3　可操作性原则

充分考虑理论研究是否现实可行、指标是否易于量化、资料是否便于获取以及计算过程是否过于繁杂等，选取的指标越多，意味着工作量越大，消耗的人力、物力、财力资源越多，技术要求也越高。尤其是农村环境监测能力薄弱，指标体系构建应与农村地区经济、技术发展水平相适应，确保评估所需数据的可获取性。

4.2.4　系统整体性原则

农村环境是复合生态系统，构造农村人居环境质量综合评估指标体系是一项复杂的系统工程，必须体现整体性，每一方面由一组指标构成，各指标之间既相互独立，又相互联系，共同构成一个有机整体。选取的指标体系需具有层次性，从宏观到微观层层深入，形成一个评价体系，反映不同地区从综合到分类的环境质量。总之，区域人居环境质量评价的系统性要求选取的评价指标在服从于客观真实前提下成为一个系统；指标间的组织必须依据一定的逻辑规则，具有较强结构层次性，越是上层指标越综合，越是下层指标越具体。

4.2.5　代表性原则

评估指标的选取要具有一定的代表性，要准确反映新农村人居环境的现状及变化特征，并且该指标既不能过多过细，使指标之间相互重叠；又不能过少过简，使指标信息遗漏。对新农村人居环境质量评估来说，选取指标主要存在两个问题：一是选取能体现出对新农村的人居、生态及社会发展环境有比较大的影响的指标；二是选取的指标在评价区内的变异应较大，以便不同区域人居环境质量评估结果具有区分度。

4.3　指标体系的设计

农村生态系统是农村地域内以一定形式的物质与能量交换而联系起来的相互制约、相互作用的生命和非生命共同有机体，是自然－人工复合生态系统[59]。农村人居环境质量综合评估必须结合农村生态系统特点，体现人与环境相互作用的关系，综合、系统地反映新农村人居环境质量。

"压力-状态-响应"（pressure-state-response，PSR）模型采用"原因-效应-响应"逻辑关系组织结构，反映了人类与环境之间相互作用关系。人类通过各种生产活动从自然环境中获取生存与发展所必需的资源，同时又向自然界排放废弃物，改变了自然资源储量与环境质量状态，被破坏的自然和环境状态反过来影响人类的社会经济活动，进而通过行为、政策的变化而对这些变化作出反应。如此循环往复，构成人类与环境之间的"压力-状态-响应"关系，有利于认清人居环境质量各要素间的逻辑关系，阐述不同指标之间的联系，因此本研究基于"压力-状态-响应"（PSR）模型，以目标层、要素层、指标层和因子层为框架，针对农村典型的半人工、半自然的生态系统特点，结合农村人居环境建设和监管要求，构建了农村人居环境质量评估指标体系。

（1）目标层：反映农村人居环境质量的综合评估指标。

（2）要素层：包括反映"状态"的环境空气质量指数、水环境质量指数、土壤环境质量指数和生态环境质量指数；结合农村环境连片整治重点工作，从"以建促改"角度提出反映"响应"的人居环境建设指数；以及反映公众对环境质量主观感受的公众满意度，共计6个要素。

（3）指标层：从"压力"角度出发，针对不同要素特征选取特定的评估指标。

（4）因子层：根据指标层的评估指标筛选出来的能够反映农村各环境要素特征的评估因子。

4.3.1 环境空气要素

4.3.1.1 现有环境空气质量评估指标概述

现在环境空气评估指标体主要体现在《环境空气质量指数（AQI）技术规定（试行）》《环境空气质量评价技术规范（试行）》《"十二五"城市环境综合整治定量考核指标实施细则》《农区环境空气环境质量监测技术规范》等。

4.3.1.1.1 《环境空气质量指数（AQI）技术规定（试行）》

我国对一个城市或地区的一定时空范围内的空气质量评价主要是以《环境空气质量标准》（GB 3095—1996）为基准，采用空气污染指数法、综合污染指数法、超标率等技术方法得出空气中主要污染物、污染程度和污染级别等方面的统计。由此而产生空气污染指数（air pollution index，API），API就是将常规监测的几种空气污染物浓度简化成为单一的概念性指数值形式，并分级表征空气污染程度和空气质量状况，适合于表示城市短期空气质量状况和变化趋势。空气污染的污染物有：烟尘、TSP、PM_{10}、SO_2、NO_2、CO、O_3、TVOC 等。

但随着监测手段的不断发展及我国环境空气质量改善工作的不断深入，新的《环境空气质量标准》（GB 3095—2012）的发布，要求环境空气质量评价进行改进与完善，使其既能科学客观地评估环境空气质量状况和其变化趋势，也要能反映环境管理工作的努力和成效。2012 年上半年环境保护部规定，将用空气质量指数（AQI）替代原有的空气污染指数（API），成为当前和今后我国环境空气质量管理和信息发布的主要形式，并发布了《环境空气质量指数（AQI）技术规定（试行）》，于 2016 年开始实施。

空气质量指数（air quality index，AQI）是定量描述空气质量状况的量纲指数，针对单项污染物的还规定了空气质量分指数。参与空气质量评价的主要污染物为 PM_{10}、$PM_{2.5}$、SO_2 和 NO_2、CO、O_3 6 项。AQI 共分六级，分别为一级优，二级良，三级轻度污染，四级中度污染，五级重度污染，六级严重污染。

4.3.1.1.2　环境空气质量评价技术规范（试行）

原环境保护部于 2013 年发布的《环境空气质量评价技术规范（试行）》（环保部公告 2013 年第 57 号），规定了环境空气质量评价的范围、评价时段、评价项目、评价方法及数据统计方法等内容。适用于全国范围内的环境空气质量评价与管理。

根据评价范围不同，环境空气质量评价分为点位环境空气质量评价、城市环境空气质量评价和区域环境空气质量评价。

环境空气质量评价的评价项目依据《环境空气质量标准》（GB 3095—2012）确定。分为基本评价项目和其他评价项目两类。基本评价项目包括（$PM_{2.5}$、PM_{10}、SO_2、NO_2、O_3、CO）6 项；其他评价项目包括总悬浮颗粒物 TSP、NO_x、Pb 和 BaP 共 4 项。

4.3.1.1.3　《"十二五"城市环境综合整治定量考核指标实施细则》

《"十二五"城市环境综合整治定量考核指标实施细则》（以下简称《城考》）中的环境空气质量指标总计 15 分，包括全年优良天数比例、PM_{10}、SO_2 和 NO_2 年均值浓度。考核内容由指标定量考核和工作定性考核组成。

全年优良天数比例是指 API 指数≤100 的天数占全年天数的比例，未全部采用空气自动监测系统监测空气质量的城市，"全年优良天数比例"指标不得分。污染物浓度年均值为污染物日平均浓度之和除以全年天数。

除此之外，环境空气质量考核工作定性考核有：

①经国家或省环保部门确认的考核点位全部按要求开展了监测和统计；

②自动监测的技术要求符合《环境空气质量自动监测技术规范》（HJ/T 193—2005），手工监测技术要求符合《环境空气质量手工监测技术规范》（HJ/T 194—2005）；

③统计和计算方法符合考核要求；

④政府出台控制大气污染，改善环境空气质量的政策措施；

⑤监测点位全部采用自动监测。如未全部采用的城市，按未开展自动监测点位的比例折减本项工作考核点分值；

⑥开展 $PM_{2.5}$ 监测；

⑦开展 O_3 监测；

⑧污染物年均浓度如超过三级标准的，考核年度改善情况。

第①、②为指标否决项，⑥、⑦、⑧为加分项。

4.3.1.1.4 《农区环境空气环境质量监测技术规范》

《农区环境空气环境质量监测技术规范》（NY/T 397—2000）规定，选择环境质量监测因子作为评估指标，本规范采用网格布点法监测农村生活区空气环境质量、农作物生长区空气环境质量。农村环境质量监测与评价指标体系见表 4-12。

表 4-12 农村环境空气质量监测与评价指标体系

准则层	指标层	备注
农产品产地环境空气质量	SO_2、TSP、氟化物、特征污染物	必测项目
	O_3、NO_2、HCl、CO、氨、Al、Pb、BaP	选测项目
农村人居空气环境质量	SO_2、NO_2、PM_{10}、特征污染物	必测项目
	CO、TSP、O_3、氟化物、Pb、H_2S、CH_4、BaP、二噁英	选测项目

4.3.1.1.5 美国格林大气污染综合指数

格林 1996 年提出以 SO_2 和烟尘浓度（烟尘浓度以间接测定空气中颗粒物质含量的烟雾系数 COH 表示）为评估参数。格林建成用希望、警戒和极限三级水平的日平均数值作为假设标准，采用幂函数形式表达 SO_2 和烟雾系数两个污染指数，并规定当 SO_2 或烟雾系数达希望、警戒和极限水平时，污染指数分别为 25、50 和 100（表 4-13），再与 SO_2 和 COH 污染指数加以平均，得出大气污染综合指数。

SO_2 污染指数 I_1：

$$I_1=a_1S^{b1}=84.0S^{0.431} \tag{4-6}$$

COH 污染指数 I_2：

$$I_2=a_2S^{b2}=26.6C^{0.576} \tag{4-7}$$

污染综合指数 I：

$$I=1/2（I_1+I_2）=0.5（84.0S^{0.431}+26.6C^{0.576}） \tag{4-8}$$

式中，S——SO_2 实测日平均浓度（mg/m^3）；

C——实测日平均烟雾系数（COH 单位/1 000 英尺）。

表 4-13　格林 SO_2 和烟雾系数日平均浓度标准

污染物	希望水平	警戒水平	极限水平
SO_2（mg/m^3）	0.06	0.3	1.5
烟雾系数（COH 单位/1 000 英尺）	0.9	3	10
污染指数	25	50	100

4.3.1.1.6　美国橡树岭大气质量指数（Oak Ridge Air Quality Index，ORAQI）

美国橡树岭大气质量指数，由美国原子能委员会橡树岭国立实验室提出。ORAQI 规定了 5 种污染物：SO_2、NO_x、CO、氧化剂、颗粒物等。

$$ORAQI = \left[\sum_{i=1}^{5} \frac{C_i}{S_i} \right]^{1.37} \tag{4-9}$$

式中，C_i——i 污染物 24 小时平均浓度；

S_i——i 种污染物的大气质量标准。

ORAQI 的尺度是这样确定的，当各种污染物的浓度相当于未受污染的本底浓度时，ORAQI 为 10，当各种污染物的浓度均达到相应标准时，即 $C_i=S_i$ 时，ORAQI 为 100。式（4-9）的系数为 5.7 和 1.37 就是根据这个尺度条件计算得到的，橡树岭国立实验按 ORAQI 的大小，将大气质量分为六级（表 4-14）。

ORAQI 的所选参数比较多，可以结合反应大气环境质量，其所选参数为 5 项，如低于 5 项，可参照 ORAQI 确定系数的方法加以修正。

表 4-14　ORQIA 与大气质量分级

分级	优良	好	尚可	差	坏	危险
ORQIA	<20	20～39	40～59	60～79	80～100	≥100

4.3.1.1.7　美国污染物标准指数评价法（Pollutants Standard Index，PSI）

污染物标准指数 PSI 是美国在 1976 年公布的通用指数，按 6 个参数对大气环境质量进行分级：SO_2、TSP、CO、O_3、NO_x、SO_2 与颗粒物的乘积。PSI 与 6 个参数的关系是分段线性函数，已知各污染物浓度后利用表，用内插法计算各污染物的分指数，然后选择各个指数中最大者报告为 PSI。PSI 是在全面比较 6 个参数之后，选择污染最重的分指数报告大气环境质量，突出了单一因子的作用，使用方便，结果简明（表 4-15）。

表 4-15　PSI 污染物浓度分级

PSI	大气污染水平	污染物浓度/（μg/m³）						大气质量分级
		TSP 24 h	SO₂ 24 h	CO 8 h	O₃ 1 h	NO₂ 1 h	SO₂×颗粒物	
500	显著危害水平	1 000	2 620	57.5	1 200	3 750	490 000	危险性
400	紧急水平	875	2 100	46	1 000	3 000	393 000	危险性
300	警报水平	625	1 600	34	800	2 260	261 000	很不健康
200	警戒水平	375	800	17	400	1 130	6 500	不健康
100	大气质量标准	260	365	10	240	不报分指数	不报分指数	中等
50	大气质量标准的 50%	75	80	5	120			良好

4.3.1.1.8　小结

目前，AQI 是环境空气质量评估体系的主要部分，相比 API 增加了 PM$_{2.5}$ 指标，且更加注重气体污染物急性效应的评价，AQI 可以从不同角度反映区域环境空气质量水平的现状，采用对评估指标进行评分的方法来量化环境空气质量状况，使其评估结果更直观，各个区域之间也可进行横向比较，从而为环境管理提供定量化的依据。

总体来看，现有评估指标体系主要针对城市地区，评估指标难以直接套用在农村地区。一方面我国农村地区广袤，农村环境监测能力薄弱，农村常规监测工作尚未开展，实现环境空气自动监测尚不具操作性，沿用现行评估指标，监测工作难度较大，需耗费大量的人力、物力，现阶段农村监测条件难以满足，可操作性不强；另一方面，农村环境空气质量较城市而言，环境空气污染相对较轻，评估指标需紧扣农村环境空气特征。以 PM$_{2.5}$ 为例进行分析，PM$_{2.5}$ 主要来源于汽车尾气、工业生产排放废气、建筑扬尘，而在农村地区评估 PM$_{10}$ 更符合农村实际。

4.3.1.2　新农村环境空气质量评估指标选取

依据相关环境管理的规定，并参考现有标准、技术规范中的指标，选择关乎农民生产生活、身体健康及动植物生长，并能较明确反映农村环境空气质量本质特征的指标，同时充分考虑我国农村现有的监测能力，抓住农村环境空气污染特点，重视可操作性，本研究确定的环境空气质量评估指标体系构建见表 4-16。

表 4-16　环境空气质量评估指标体系

要素层	指标层	因子层
环境空气质量指数	环境空气质量达标率	SO_2、NO_2、PM_{10}

4.3.2　水环境要素

4.3.2.1　现行农村水环境质量评估指标概述

现行农村水环境质量评估指标主要体现在国家、地方出台的有关水环境质量监测因子要求及《饮用水水源地安全评价技术导则》中水源地安全评估内容。

4.3.2.1.1　《全国农村环境监测工作指导意见》

为统筹城乡环境保护，加强对农村环境监测工作的指导，环境保护部于 2009 年印发《全国农村环境监测工作指导意见》（环办〔2009〕150 号）。

（1）农村饮用水水源地水质监测。各地要围绕饮用水水源地水质安全，统筹安排监测力量，一般每年至少应监测 1 次，对存在问题以及潜在风险的市县和集中式饮用水水源地水质定期开展监测，确有必要的可适当增加监测频次。

（2）农村地表水水质监测。2010 年各地要选取辖区内不同地区有代表性的地表水体开展水质试点监测，"十二五"期间逐步推开。要结合辖区的水环境特征，有针对性地选择监测指标和监测频次，逐步扩大地表水监测覆盖范围。

4.3.2.1.2　《2013 年国家环境监测方案》——农村环境质量监测

（1）饮用水水源地。①地表水饮用水水源地：《地表水环境质量标准》（GB 3838—2002）表 1、表 2 中的基本项目 28 项（除 COD_{Cr} 以外的项目：水温、pH、DO、COD_{Mn}、BOD_5、$NH_3\text{-}N$、TP、TN、Cu、Zn、氟化物、Se、As、Hg、Cd、Cr^{6+}、Pb、氰化物、挥发酚、石油类、LAS、硫化物、粪大肠菌群、硫酸盐、氯化物、硝酸盐、Fe、Mn）。②地下水饮用水水源地：《地下水质量标准》（GB/T 14848—93）中 23 项（pH、总硬度、硫酸盐、氯化物、COD_{Mn}、$NH_3\text{-}N$、氟化物、总大肠菌群、Fe、Mn、Cu、Zn、挥发酚、LAS、硝酸盐氮、亚硝酸盐氮、氰化物、Hg、As、Se、Cd、Cr^{6+}、Pb）。

（2）地表水。村庄河流（水库）：《地表水环境质量标准》（GB 3838—2002）表 1 中的基本项目 23 项（除 TN 以外的项目：水温、pH、DO、COD_{Mn}、COD_{Cr}、BOD_5、$NH_3\text{-}N$、TP、Cu、Zn、氟化物、Se、As、Hg、Cd、Cr^{6+}、Pb、氰化物、挥发酚、石油类、LAS、硫化物、粪大肠菌群）。

4.3.2.1.3　《2013 年四川省环境监测工作实施方案》——农村环境质量监测

（1）饮用水水源地。①地表水饮用水水源地监测项目为：《地表水环境质量标准》（GB 3838— 2002）表 1、表 2 中的基本项目 28 项（除 COD$_{Cr}$ 以外的项目）。评价标准为《地表水环境质量标准》（GB 3838—2002），执行地表水Ⅲ类标准。②地下水饮用水水源地监测项目：《地下水质量标准》（GB/T 14848—93）中 23 项。评价标准为《地下水质量标准》（GB/T 14848—93）Ⅲ类标准。

（2）地表水。村庄河流（水库）监测项目为《地表水环境质量标准》（GB 3838—2002）表 1、表 2 中的基本项目 28 项（除 COD$_{Cr}$ 以外的项目）。评价标准为《地表水环境质量标准》（GB 3838—2002）Ⅲ类标准。

4.3.2.1.4　《2013 年陕西省环境监测方案》——农村环境质量监测

（1）饮用水水源地。地表水饮用水水源地监测项目为：《地表水环境质量标准》（GB 3838—2002）表 1、表 2 中的基本项目 28 项（除 COD$_{Cr}$ 以外的项目）。地下水饮用水水源地监测项目为：《地下水质量标准》（GB/T 14848—93）中 23 项。

（2）地表水。村庄河流（水库）监测项目为：《地表水环境质量标准》（GB 3838—2002）表 1 中的基本项目 23 项（除 TN 以外的项目）。

4.3.2.1.5　《2013 年山东省环境监测补充方案》——农村环境质量监测

（1）饮用水水源地。地表水饮用水水源地监测项目为《地表水环境质量标准》（GB 3838—2002）表 1、表 2 中的 28 个基本项目（除 COD$_{Cr}$ 以外的项目）。地下水饮用水水源地监测项目为《地下水质量标准》（GB/T 14848—93）表中 23 项（除 TN 以外的项目）。

（2）地表水。村庄河流（水库）等地表水监测项目为《地表水环境质量标准》（GB 3838—2002）表 1 中的基本项目 23 项（除 TN 以外的项目）。

4.3.2.1.6　《2013 年江西省环境监测方案》

（1）饮用水水源地。地表水饮用水水源地监测项目为：《地表水环境质量标准》（GB 3838—2002）表 1、表 2 中的基本项目 28 项（除 COD$_{Cr}$ 以外的项目）。地下水饮用水水源地监测项目为：《地下水质量标准》（GB/T 14848—93）中 23 项。

（2）地表水。村庄河流（水库）监测项目为：《地表水环境质量标准》（GB 3838—2002）表 1 中的基本项目 23 项（除 TN 以外的项目）。

4.3.2.1.7　《饮用水水源地安全评价技术导则》（报批稿）

（1）地表饮用水水源地水质安全评价。常规项目中的必评指标为 NH$_3$-N、高锰酸盐指数；选评指标从常规项目中选取最差的 3 项监测指标。有毒有机项目中至少选择 1 项作为评价指标，能够代表水源地污染特性。营养状况评价项目中的指标包括 TP、TN、叶绿素 a、高锰酸盐指数和透明度，其中叶绿素 a 为必评项目。

（2）地下饮用水水源地水质安全评价。常规项目中的必评指标为 NH_3-N、高锰酸盐指数；选评指标从常规项目中选取最差的 3 项监测指标。有毒有机项目中至少选择一项作为评价指标，能够代表水源地污染特性。

4.3.2.1.8　小结

通过对现有农村环境质量监测现状分析，我国各地均开展了农村环境质量试点监测，水环境质量方面开展了饮用水水源地、地表水环境质量试点监测，监测指标均以国家环境监测方案为准绳，少数省份在地表水监测指标方面略有差异，农村地区尚未开展地下水环境质量试点监测工作。《饮用水水源地安全评价技术导则》（报批稿）从水质安全的角度出发进行了评估指标的筛选。

4.3.2.2　新农村水环境质量评估指标选取

4.3.2.2.1　集中式饮用水水源地水环境质量评估因子的选取

农村饮水安全与否是一项重大的民生问题。饮水安全事关亿万农民的切身利益，是农村群众最关心、最直接、最现实的利益问题，是加快社会主义新农村建设和推进基本公共服务均等化的重要内容。

"十一五"期间国家累计下达农村饮水安全工程建设投资 1 053 亿元，其中中央投资 590 亿元，地方政府投资和群众自筹 439 亿元，社会融资 24 亿元，解决了 19 万个行政村、21 208 万农村人口的饮水安全问题。集中式供水人口受益比例由 2005 年年底的 40%提高到 2010 年年底的 58%。

2012 年 6 月，国务院印发《全国农村饮水安全工程"十二五"规划》（国函〔2012〕52 号）（以下简称《规划》），《规划》解决全国 2.98 亿农村人口（含国有农林场）的饮水安全问题和 11.4 万所农村学校师生的饮水安全问题，使全国农村集中式供水人口比例提高到 80%左右，供水质量和工程管理水平显著提高。《规划》通过强化水源保护、落实工程管理主体、落实工程运行维护经费、完善农村供水水质卫生检测和监测体系、健全农村供水基层服务体系和应急保障机制等措施，逐步建立农村供水长效运行机制，提高工程管理水平。

虽然我国农村饮用水安全得到了很大的改善，但是我国目前仍有大量的农村地区饮用水质量堪忧。发达地区的县级监测站具有较强的监测能力，但大部分地区的县级监测站尚不能够做到水质全分析，只能开展常规指标分析。此外，部分地区的县级监测站在人员、设备甚至机构建制方面并不健全，缺少必要的资金支持。农村地区面积大、饮用水水源多、工作量巨大，需要大量的人力、物力、财力支持。

由于饮用水安全在农村地区占据非常重要的地位，因此在筛选评估指标时要尽量全面，要提高对农村饮用水安全性的全面了解，同时也要尽量降低监测部门的工作量，减少人、财物的支出。饮用水水源地环境质量评估指标的数据依托当地县级环境监测机构通过例行监测及现场监测来获取。

综合考虑以上因素，参照城市饮用水监测的常规指标，对农村饮用水水源地水环境质量评估指标进行了筛选。地表饮用水水源地水环境质量按照《地表水环境质量标准》（GB 3838—2002）表 1、表 2 中的 29 项指标开展评估。地下饮用水水源地水环境质量按照《地下水质量标准》（GB/T 14848—93）及国家例行监测指标共 23 项指标开展评估。具体评估因子见表 4-17。

表 4-17　集中式饮用水水源地水环境质量评估因子

	评估因子
饮用水水源地	地表水：按照 GB 3838—2002 表 1、表 2 中的 29 项指标开展监测评估。 具体指标：水温、pH、DO、COD_{Mn}、COD_{Cr}、BOD_5、NH_3-N、TP、TN、Cu、Zn、Se、As、Hg、Cd、Cr^{6+}、Pb、氟化物、氰化物、挥发酚、石油类、LAS、硫化物、粪大肠菌群、硫酸盐、氯化物、硝酸盐、Fe、Mn
	地下水：按照 GB/T 14848—93 表 1 中的指标，并结合我国开展的例行监测指标，筛选 23 项指标开展监测评估。 具体指标：pH、NH_3-N、硝酸盐、亚硝酸盐、挥发酚、氰化物、As、Hg、Cr^{6+}、TH、Pb、氟化物、Cd、Fe、Mn、COD_{Mn}、硫酸盐、氯化物、大肠菌群、LAS、Cu、Zn、Se

注：集中式饮用水水源地指通过供水设施集中输送至用户，或用户自行取水的公共饮用水水源地。

4.3.2.2.2　地表水环境质量评估因子的选取

鉴于县级机构现有的环境监测能力，评估指标选择过多不具备可操作性，同时考虑农村地表水体污染特征，评估指标选择 pH、COD_{Mn}、NH_3-N、TP 4 项指标。

另外，我国地域广阔，气候条件、水资源禀赋各异，部分县和乡镇无地表水资源，对于此类地区在开展评估时采用不同的计算方法。

4.3.2.2.3　地下水环境质量评估因子的选取

考虑农村地下水监测能力薄弱，筛选了简单的定量及定性指标 pH、肉眼可见物、嗅和味等作为评估指标。另外，我国地下水中硝态氮的污染日益严重，本研究选择了硝酸盐作为评估指标。

4.3.2.2.4　水环境质量评估指标体系

水环境质量评估指标体系构建如表 4-18 所示。

表 4-18　水环境质量评估指标体系

要素层	指标层	因子层
水环境质量 指数	集中式饮用水水源地水质 达标率	地表水：GB 3838—2002《地表水环境质量标准》表1、表2中的 29 项指标，具体包括水温、pH、DO、COD_{Mn}、COD_{Cr}、BOD_5、NH_3-N、TP、TN、Cu、Zn、Se、As、Hg、Cd、Cr^{6+}、Pb、氟化物、氰化物、挥发酚、石油类、LAS、硫化物、粪大肠菌群、硫酸盐、氯化物、硝酸盐、Fe、Mn。 地下水：《地下水环境质量标准》（GB/T 14848—93）中 5.3 节规定的 20 项指标，具体包括 pH、NH_3-N、硝酸盐、亚硝酸盐、挥发酚、氰化物、As、Hg、Cr^{6+}、TH、Pb、氟化物、Cd、Fe、Mn、COD_{Mn}、硫酸盐、氯化物、大肠菌群、LAS、Cu、Zn、Se
	地表水水质达标率	pH、COD_{Mn}、NH_3-N、TP
	地下水水质达标率	pH、肉眼可见物、嗅和味、硝酸盐

4.3.3　土壤环境要素

土壤环境质量评价指标的确定是一项复杂的工作，由于土壤环境质量评价具有不同的目的性和针对性，研究者根据不同的研究目的选取评价指标，具有较强的主观因素，选取的指标也不同，这就导致土壤环境质量评价指标的多样化，但没有标准化，没有办法进行不同区域土壤质量评价的比较。虽然国内许多研究者对于土壤质量评价的指标体系进行了综合的概述，但在实际的评价过程中，由于多方面的限制，其评价体系仍不尽完善。因此，建立一个简单、科学而具有代表性的评价指标体系是农村土壤环境质量评价的关键。

4.3.3.1　现有土壤环境质量评估指标概述

目前，可供参考的土壤环境质量评价指标的选取都是基于《土壤环境质量标准》及其他与土壤环境质量相关的标准体系、评价规范等。

4.3.3.1.1　《土壤环境质量标准》（GB 15618—1995）

从土壤的应用功能和保护目标出发，将土壤分为三类，分别执行三级标准，同时，规定了 8 项重金属项目和 2 项有机污染物项目的三级标准值。各评价因子和标准值见表 4-19。

表 4-19　土壤环境质量标准（节选）

项目 \ 级别		一级	二级			三级
		自然背景	<6.5	6.5～7.5	>7.5	>6.5
Cd	≤	0.20	0.30	0.30	0.60	1.0
Hg	≤	0.15	0.30	0.50	1.0	1.5
As	水田 ≤	15	30	25	20	30
	旱地 ≤	15	40	30	25	40
Cu	农田等 ≤	35	50	100	100	400
	果园 ≤	—	150	200	200	400
Pb	≤	35	250	300	350	500
Cr	水田 ≤	90	250	300	350	400
	旱地 ≤	90	150	200	250	300
Zn	≤	100	200	250	300	500
Ni	≤	40	40	50	60	200
六六六	≤	0.05	0.50			1.0
DDT	≤	0.05	0.50			1.0

注：① 重金属（Cr 主要是三价）和 As 均按元素量计，适用于阳离子交换量>5 cmol（+）/kg 的土壤；若≤5 cmol（+）/kg，其标准值为表内数值的半数。

② 六六六为 4 种异构体总量，DDT 为 4 种衍生物总量。

③ 水旱轮作地的土壤环境质量标准，As 采用水田值，Cr 采用旱地值。

4.3.3.1.2　《全国土壤污染状况评价技术规定》（环发〔2008〕39 号）

为了指导和规范土壤污染状况调查工作，保证全国土壤污染状况调查结论的科学性，环境保护部发布的《关于印发〈全国土壤污染状况评价技术规定〉的通知》（环发〔2008〕39 号），规定了土壤环境质量的调查项目和评价标准。其中，无机类项目有 Cd、Hg、As、Pb 等 12 项，有机类项目有有机氯（六六六、DDT）、多环芳烃类、多氯联苯类和石油烃类。各评价因子和标准值见表 4-20 和表 4-21。

表 4-20　土壤环境质量评价标准值（无机类项目）

评价项目	标准值/（mg/kg）				参考值来源
	耕地、草地、未利用地 pH			林地	
	<6.5	6.5～7.5	>7.5		
Cd	0.30	0.30	0.60	1.0	
Hg	0.30	0.50	1.0	1.5	

评价项目		标准值/（mg/kg）				参考值来源
		耕地、草地、未利用地			林地	
		pH				
		<6.5	6.5~7.5	>7.5		
As	水田	30	25	20	40	
	旱地	40	30	25	40	
Pb		80	80	80	100	
Cr	水田	250	300	350	400	
	旱地	150	200	250	400	
Cu		50	100	100	400	
Zn		200	250	300	500	
Ni		40	50	60	200	
Mn*		1 500				澳大利亚保护土壤及地下水调研值
Co*		40				加拿大土壤环境质量标准农用地标准值
Se*		1.0				
V*		130				

注：① 注*的项目，表中所列为评价参考值。

② 重金属和 As 均按元素量计，适用于阳离子交换量>5 cmol（+）/kg 的土壤；阳离子交换量≤5 cmol（+）/kg 的土壤，评价标准值为表内数值的半数。

③ 草地、未利用地，评价 As 时执行旱地标准。

表 4-21　土壤环境质量评价标准值（有机类项目）

评价项目		标准值	参考值来源
有机氯	六六六总量	0.10	
	DDT 总量	0.10	
多环芳烃类	BaP*	0.10	加拿大土壤环境质量标准农用地标准值
多氯联苯类（总量）*		0.10	《土壤环境质量标准》（修订草案）农业用
石油烃类（总量）*		500	地标准值

注：① 注*的项目，表中所列为评价参考值。

② 耕地、林地、草地和未利用地均适用本表所列评价标准。

③ 六六六总量：α-六六六、β-六六六、γ-六六六、δ-六六六四种异构体总和。

④ DDT 总量：p,p'-DDE、o,p'-DDT、p,p'-DDD、p,p'-DDT 四种衍生物总和。

⑤ 对土壤中多环芳烃类物质进行环境质量评价时，以苯并[a]芘（BaP）为参照，其当量毒性因子（TEFs）为 1.0，其余 15 种多环芳烃类的当量毒性因子见附表。将各 PAHs 物质以实测浓度与其 TEFs 相乘得到以 BaP 为参照物的等效质量浓度 BaPeq，再用 BaPeq 与 BaP 标准参考值相比较进行评价。

4.3.3.1.3　《食用农产品产地环境质量评价标准》（HJT 332—2006）

本标准对食用农产品产地的土壤环境质量、灌溉水质量和环境空气质量的各个项目及其浓度限值作了规定。其中，对土壤环境中的污染物项目划分为基本控制项目和选择控制项目两类，具体见表 4-22。

表 4-22 土壤环境质量评价指标限值[①]

项目[②]			pH<6.5	pH[③] 6.5~7.5	pH>7.5
土壤环境质量基本控制项目：					
TCd	水作、旱作、果树等	≤	0.30	0.30	0.60
	蔬菜	≤	0.30	0.30	0.40
THg	水作、旱作、果树等	≤	0.30	0.50	1.0
	蔬菜	≤	0.25	0.30	0.35
TAs	旱作、果树等	≤	40	30	25
	水作、蔬菜	≤	30	25	20
TPb	水作、旱作、果树等	≤	80	80	80
	蔬菜	≤	50	50	50
TCr	旱作、蔬菜、果树等	≤	150	200	250
	水作	≤	250	300	350
TCu	水作、旱作、蔬菜、柑橘等	≤	50	100	100
	果树	≤	150	200	200
六六六[④]		≤	0.10		
DDT[④]		≤	0.10		
土壤环境质量选择控制项目：					
TZn		≤	200	250	300
TNi		≤	40	50	60
稀土总量（氧化稀土）		≤	背景值[⑤]+10	背景值[⑤]+15	背景值[⑤]+20
全盐量		≤	1 000	2 000[⑥]	

注：① 对实行水旱轮作、菜粮套种或果粮套种等种植方式的农地，执行其中较低标准值的一项作物的标准值。

② 重金属（Cr 主要是三价）和 As 均按元素计量，适用于阳离子交换量>5 cmol（+）/kg 的土壤；若≤5 cmol（+）/kg，其标准值为表内数值的半数。

③ 若当地某些类型土壤 pH 变异在 6.0~7.5，鉴于土壤对重金属的吸附率，在 pH 为 6.0 时接近 pH 为 6.5，pH 为 6.5~7.5 组可考虑在该地扩展为 pH 为 6.0~7.5。

④ 六六六为 4 种异构体总量，DDT 为 4 种衍生物总量。

⑤ 背景值：采用当地土壤母质相同、土壤类型和性质相似的土壤背景值。

⑥ 适用于半漠境及漠境区。

4.3.3.1.4 《国家级生态乡镇建设指标（试行）》

国家级生态乡镇示范建设是加快推进农村环境保护工作的重要载体，是国家生态示范建设示范区建设的重要组成，是实现环境保护优化农村经济增长的有效途径，也是现阶段建设农村生态文明的重大举措。为规范国家级生态乡镇申报和管理工作，国家制定了《国家级生态乡镇申报及管理规定》，规定中明确了申报条件必须达到《国家级生态乡镇建设指标（试行）》的各项要求。指标包括 5 项基本条件及 15 项具体建设指标。其中，环境质量类中未考察土壤环境质量，涉及农村土壤环境方面的指标主要有环境污染防治类中农用化肥施用强度和农药施用强度 2 项（表 2-23）。

表 4-23　国家级生态乡镇建设指标（试行）

类别	序号	指标名称	指标要求
环境污染防治	10	农用化肥施用强度［折纯，kg/（hm²·a）］	＜250
		农药施用强度［折纯，kg/（hm²·a）］	＜3.0

4.3.3.1.5　小结

我国迄今尚无评估农村土壤环境质量的统一指标体系，以往的相关研究多是基于《土壤环境质量标准》（GB 15618—1995）中规定的 8 项无机污染物和 2 项有机污染物进行的。

4.3.3.2　新农村土壤环境质量评估指标选取

新农村土壤环境质量评估必须考虑村庄对土壤环境污染的特点，基于科学性、数据易获取性和可操作性原则，制定一套符合农村土壤环境特点的评估指标体系。

基于全国土壤污染状况调查技术规定，本研究选择了《土壤环境质量标准》（GB 15618—1995）中的 11 项指标作为评估指标，同时考虑土壤有机质是土壤中植物碳素营养和其他矿物营养的源强，含有植物生长发育所必需的各种营养元素，对改善土壤物理性质使其具有高度的保水性、保肥性和缓冲性、活化土壤微量元素、减轻或消除土壤重金属污染具有重要的意义，农村又是粮食蔬菜主产区，本研究增加了土壤有机质作为评估指标。

本研究确定的土壤环境质量评估指标体系构建如表 4-24。

表 4-24　土壤环境质量评估指标体系

要素层	指标层	因子层
土壤环境质量指数	土壤环境质量达标率	土壤 pH、阳离子交换量、六六六和 DDT、Cd、Hg、As、Cu、Pb、Cr、Zn、Ni、有机质含量

4.3.4　生态环境要素

生态环境是人类赖以生存和发展的空间，是区域可持续发展的核心和基础。生态环境由生命系统和环境系统中各种性质不同、运动状态不一的物质所组成，并通过它们之间不断的物质循环和能量流动，在人类社会经济活动的影响下，形成具有特定结构和功能的整体。生态环境监测是通过各种物理、化学、生化、生态学原理等技术手段，运用可比的方法，在时间和空间上对特定区域范围内的生态环境各要素之间的生态系统结构和功能进行测试，为评价生态环境质量、保护和恢复生态环境提供依据。本研究中生态环境是狭义上的概念，特指生命系统中具有一定生态系统关系构成的系统整体。

4.3.4.1 现有生态环境评估指标概述

4.3.4.1.1 《生态环境状况评价技术规范（试行）》

2006 年，国家环境保护总局发布了《生态环境状况评价技术规范（试行）》（HJ/T 192—2006），该技术规范规定了生态环境状况评价的指标体系和计算方法，适用于我国县级以上区域生态环境现状及动态趋势的年度综合评价。

技术规范以生态环境状况指数来反映被评价区域生态环境质量状况，评价指标体系包括 1 个一级指标，5 个二级指标，见表 4-25。

表 4-25 《生态环境状况评价技术规范（试行）》中生态环境状况评估指标

一级指标	二级指标	指标意义	计算公式（二级指标）	计算公式（一级指标）
生态环境状况指数（EI）	生物丰度指数	通过单位面积上不同生态系统类型在生物物种数量上的差异，间接地反映被评价区域内生物丰度的丰贫程度	生物丰度指数=A_{bio}^*×（0.35×林地面积+0.21×草地面积+0.28×水域湿地面积+0.11×未利用地面积）/区域面积	EI=0.25×生物丰度指数+0.2×植被覆盖指数+0.2×水网密度指数+0.15×环境质量指数
	植被覆盖指数	通过林地、草地、耕地等面积占被评价区域面积的比重，反映植被覆盖程度	植被覆盖指数=A_{veg}^*×（0.38×林地面积+0.34×草地面积+0.19×耕地面积+0.07×建设用地面积+0.02×未利用地面积）/区域面积	
	水网密度指数	被评价区域内河流总长度、水域面积和水资源量占被评价区域面积的比重，用于反映被评价区域水的丰富程度	水网密度指数=A_{riv}^*×河流长度/区域面积+A_{lak}^*×湖库（近海）面积/区域面积+A_{res}^*×水资源量/区域面积	
	土地退化指数	被评价区域内风蚀、水蚀、重力侵蚀、冻融侵蚀和工程侵蚀的面积占被评价区面积的比重，用于反映被评价区域内土地退化程度	土地退化指数=A_{ero}^*×（0.05×轻度侵蚀面积+0.25×中度侵蚀面积+0.7×重度侵蚀面积）/区域面积	
	环境质量指数	被评价区域内受纳污染物负荷，用于反映评价区域所承受的环境污染压力	环境质量指数=0.4×（100−$A_{SO_2}^*$×SO2排放量/区域面积）+0.4×（100−A_{COD}^*×COD排放量/区域年均降雨量）+0.2×（100−A_{sol}^*×固体废物排放量/区域面积）	

注*：A_{bio}，生物丰度指数的归一化系数；A_{veg}，湖库面积的归一化系数；A_{riv}，河流长度的归一化系数；A_{lak}，湖库面积的归一化系数；A_{res}，水资源量的归一化系数；A_{ero}，土地退化指数的归一化系数；A_{SO_2}，SO2 的归一化系数；A_{COD}，COD 的归一化系数；A_{sol}，固体废物的归一化系数。

其中，归一化系数计算方法如下：

$$归一化系数=100/A_{最大值} \qquad (4\text{-}10)$$

式中，$A_{最大值}$——某指数归一化处理前的最大值。

根据生态环境状况指数，将生态环境分为五级，即优、良、一般、较差和差，见表 4-26。

表 4-26　生态环境状况分级

级别	优	良	一般	较差	差
指数	EI≥75	55≤EI＜75	35≤EI＜55	20≤EI＜35	EI＜20
状态	植被覆盖度高，生物多样性丰富，生态系统稳定，最适合人类生存	植被覆盖度较高，生物多样性较丰富，基本适合人类生存	植被覆盖度中等，生物多样性一般水平，较适合人类生存，但有不适人类生存的制约性因子出现	植被覆盖度较差，严重干旱少雨，物种较少，存在明显制约人类生存的因素	条件较恶劣，人类生存环境恶劣

评估数据来源：以遥感监测为主要技术手段，获取前一年县域土地利用/覆盖解译数据。遥感监测数据源、影像几何精纠正、土地利用/覆盖数据的解译、野外核查、细小地物扣除和面积统计、成果提交形式、质量控制与保证等按照《2008 年全国生态环境质量监测与评价实施方案》（总站生字〔2008〕56 号）的有关要求进行。以资料调查和地面核查为辅助技术手段，获取县域社会经济、降水量、水资源量、土壤侵蚀等指标数据。

4.3.4.1.2　《2008 年全国生态环境质量监测与评价实施方案》

《2008 年全国生态环境质量监测与评价实施方案》是中国环境监测总站根据《2008 年全国环境监测工作计划》（环办〔2008〕8 号），为完成全国生态监测与评价工作而制定。

评价方法执行原国家环保总局发布的《生态环境状况评价技术规范（试行）》（HJ/T 192—2006），同时将水网密度指数计算方法修改为：

$$水网密度指数=（A_{riv}×河流长度/区域面积+A_{lak}×湖库（近海）面积/区域面积+$$
$$A_{res}×水资源量/区域面积）/3 \qquad (4\text{-}11)$$

式中，A_{riv}——河流长度的归一化系数；

　　　A_{lak}——湖库面积的归一化系数；

　　　A_{res}——水资源量的归一化系数。

4.3.4.1.3　《国家重点生态功能区县域生态环境质量考核办法》

《国家重点生态功能区县域生态环境质量考核办法》（环发〔2011〕18 号）由环境保护部、财政部于 2011 年发布。该办法适用于对水源涵养、水土保持、防风固沙和生物多样性维护的南水北调中线工程丹江口库区及上游等重点生态功能区县域生态环境质量的年度考核。

（1）相关指标

考核指标体系分为共同指标和特征指标，其中相关自然生态指标见表4-27。

表4-27　自然生态指标体系（节选）

指标类型	一级指标		二级指标
共同指标	自然生态指标		林地覆盖率
			草地覆盖率
			水域湿地覆盖率
			耕地和建设用地比例
特征指标	自然生态指标	水源涵养类型	水源涵养指数
		生物多样性维护类型	生物丰度指数
		防风固沙类型	植被覆盖指数
			未利用地比例
		水土保持类型	坡度大于15°耕地面积比
			未利用地比例

（2）指标数据来源

1）共同指标中的自然生态指标由市县级人民政府相关部门提供

①林地覆盖率，指标解释按照国家林地主管部门概念，数据由县级人民政府林业主管部门提供。

②草地覆盖率，指标解释按照国家农业主管部门概念，数据由县级人民政府农业主管部门提供。

③水域湿地覆盖率，指标解释按照国家水利、林业主管部门概念，数据由县级人民政府水利、林业主管部门提供。

④耕地和建设用地比例，指标解释按照国家国土资源、城乡建设主管部门概念，数据由县级人民政府国土资源、城乡建设主管部门提供。

2）特征指标中的自然生态指标由中国环境监测总站根据上报指标的数据综合计算得出。

①水源涵养指数（水源涵养类型）

上报指标：林地、草地及湿地面积。数据由县级人民政府林业、农业、水利主管部门提供。

②生物丰度指数（生物多样性维护类型）

上报指标：林地、草地、耕地、建筑用地的面积。数据由县级人民政府林业、农业、国土资源、城乡建设主管部门提供。

③植被覆盖指数（防风固沙类型）

上报指标：林地、草地、耕地、建设用地的面积。数据由县级人民政府林业、农业、国土资源、城乡建设主管部门提供。

④未利用地比例（防风固沙类型和水土保持类型）

上报指标：沙地、戈壁、裸土、裸岩等未利用地面积占县域面积的百分数。数据由县级人民政府国土资源主管部门提供。

⑤坡耕地面积比（水土保持类型）

上报指标：山区、丘陵地区耕地及坡度＞15°的耕地面积占县域面积的百分数。数据由县级人民政府农业主管部门提供。

4.3.4.1.4 《国家生态文明建设示范村镇指标（试行）》

为积极推进国家生态文明建设示范村镇建设，环境保护部于 2014 年发布了《国家生态文明建设示范村镇指标（试行）》（环发〔2014〕12 号）。

（1）相关指标

国家生态文明建设示范乡镇指标中生态良好基本条件：指完成上级政府下达的节能减排任务；辖区内水体（包括近岸海域）、大气、噪声、土壤环境质量达到功能区标准并持续改善；未划定环境质量功能区的，满足国家相关标准的要求，无黑臭水体等严重污染现象；近 3 年内无较大以上环境污染事件，无露天焚烧农作物秸秆现象，环境投诉案件得到有效处理；镇容镇貌整洁有序；属国家重点生态功能区，所在县域在国家重点生态功能区县域生态环境质量考核中生态环境质量不变差。

国家生态文明建设示范乡镇指标中生态良好考核指标见表 4-28。

表 4-28　国家生态文明建设示范乡镇建设生态良好考核指标表（节选）

类别	指标		单位	指标值	指标属性
生态良好	林草覆盖率	山区	%	≥80	约束性指标
		丘陵区		≥50	
		平原区		≥20	
	建成区人均公共绿地面积		m²/人	≥15	约束性指标

1）林草覆盖率

指标解释：指村域内林地、草地面积之和与乡镇土地总面积的百分比。

计算公式：

林草覆盖率（%）=［林草地面积之和（hm²）/乡镇土地总面积（hm²）］×100　　（4-12）

2）建成区人均公共绿地面积

指标解释：指乡镇建成区公共绿地面积与建成区常住人口的比值。

计算公式：

$$建成区人均公共绿地面积（m^2/人）=乡镇建成区公共绿地面积（m^2）/$$
$$乡镇建成区常住人口总数（人）\qquad(4-13)$$

式中，公共绿地指乡镇建成区内对公众开放的公园（包括园林）、街道绿地及高架道路绿化地面，企事业单位内部的绿地、乡镇建成区周边山林不包括在内。

（2）指标数据来源

林草覆盖率数据来源：县级以上林业、农业、国土等部门。

建成区人均公共绿地面积数据来源：县级以上住建、林业、农业部门；现场检查。

4.3.4.1.5 《国家生态文明建设试点示范区指标（试行）》

《国家生态文明建设试点示范区指标（试行）》（环发〔2013〕58 号）由环境保护部在 2013 年发布，以生态文明建设试点示范推进生态文明建设。

（1）相关指标

生态文明试点示范县（含县级市、区）建设指标，包括基本条件和建设指标两部分，涉及生态环境的指标如下。

1）基本条件中：矿产、森林、草原等主要自然资源保护、水土保持、荒漠化防治、安全监管等达到相应考核要求。严守耕地红线、水资源红线、生态红线等。

2）相关建设指标见表 4-29。

表 4-29　生态文明试点示范县（含县级市、区）生态环境建设指标（节选）

系统	指标		单位	指标值	指标属性
生态环境	受保护地占国土面积比例	山区、丘陵区	%	≥25	约束性指标
		平原地区		≥20	
	林草覆盖率	山区	%	≥80	约束性指标
		丘陵区		≥50	
		平原地区		≥20	
	生态恢复治理率	重点开发区	%	≥54	约束性指标
		优化开发区		≥72	
		限制开发区		≥90	
		禁止开发区		100	
	生态用地比例	重点开发区	%	≥45	约束性指标
		优化开发区		≥55	
		限制开发区		≥65	
		禁止开发区		≥95	

①受保护地占国土面积比例，指辖区内各类（级）自然保护区、风景名胜区、森林公园、地质公园、生态功能保护区、水源保护区、封山育林地、基本农田等面积占全部陆地（湿地）面积的百分比，上述区域面积不得重复计算。

②林草覆盖率指标含义及计算方法参见《国家生态文明建设示范村镇指标（试行）》林草覆盖率指标。

③生态恢复治理率指指辖区通过人为、自然等修复手段得到恢复治理的生态系统面积占在经济建设过程中受到破坏的生态系统面积的比例。

计算公式：

$$生态恢复治理率=恢复治理的生态系统面积（km^2）/受到破坏的生态系统总面积（km^2）×100\%$$
$$(4\text{-}14)$$

生态恢复是指对生态系统停止人为干扰，以减轻负荷压力，依靠生态系统的自我调节能力与自我组织能力使其向有序的方向进行演化，或者利用生态系统的这种自我恢复能力，辅以人工措施，使遭到破坏的生态系统逐步恢复或使生态系统向良性循环方向发展。生态恢复的目标是创造良好的条件，促进一个群落发展成为由当地物种组成的完整生态系统，或为当地的各种动物提供相应的栖息环境。数据来源：国土、水利、海洋与渔业、城建、环保、林业、统计等部门。

④生态用地比例指辖区内生态用地面积占国土面积的比例。

计算公式：

$$生态用地比例=辖区内生态用地面积（km^2）/辖区土地总面积（km^2）×100\%$$
$$(4\text{-}15)$$

生态用地是指为了保障城乡基本生态安全，维护生态系统的完整性，所需要的土地。包括：林地、草地、湿地等具有水源涵养、防风固沙、土壤保持等生态功能的区域。上述区域面积不得重复计算。

（2）数据来源

受保护地占国土面积比例数据来源：统计、环保、建设、林业、国土资源、农业等部门；林草覆盖率指标数据来源：统计、林业、农业、国土等部门；生态恢复治理率数据来源：国土、水利、海洋与渔业、城建、环保、林业、统计等部门；生态用地指标数据来源：国土、城建、环保、农业、林业统计等部门。

4.3.4.1.6　《生态县、生态市、生态省建设指标（修订稿）》

《生态县、生态市、生态省建设指标（修订稿）》（环发〔2007〕195号）由国家环境保护总局于2007年发布，旨在指导抓好生态示范创建工作。

（1）相关指标

生态县（含县级市）、生态市（含地级行政区）、生态省建设指标包括基本条件和建设指标两部分。

1）基本条件

在生态环境方面，生态县、生态市和生态省均明确要求外来入侵物种对生态环境未造成明显影响；生态县和生态市要求生态环境质量评价指数在全省名列前茅，生态省要求生态环境质量评价指数位居国内前列或不断提高。

外来入侵物种指在当地生存繁殖，对当地生态或者经济构成破坏的外来物种。数据来源：发展改革委、环保等部门。

生态环境质量评价指数指按照《生态环境状况评价技术规范（试行）》（HJ/T 192—2006）开展区域生态环境质量状况评价。

2）建设指标

在生态环境方面，生态县（含县级市）、生态市（含地级行政区）、生态省生态环境方面的指标见表4-30～表4-32。

表4-30　生态县（含县级市）生态环境保护建设指标（节选）

名称		单位	指标	说明
生态环境保护	森林覆盖率	山区	%	≥75	约束性指标
		丘陵区		≥45	
		平原地区		≥18	
		高寒区或草原区（林草覆盖率）		≥90	
	受保护地区占国土面积比例	山区及丘陵区	%	≥20	约束性指标
		平原地区		≥15	
	城镇人均公共绿地面积		m²/人	≥12	约束性指标

表4-31　生态市（含地级行政区）生态环境保护建设指标（节选）

名称		单位	指标	说明
生态环境保护	森林覆盖率	山区	%	≥70	约束性指标
		丘陵区		≥40	
		平原地区		≥15	
		高寒区或草原区（林草覆盖率）		≥85	
	受保护地区占国土面积比例		%	≥17	约束性指标
	城镇人均公共绿地面积		m²/人	≥11	约束性指标

表 4-32　生态省生态环境保护建设指标（节选）

	名称	单位	指标	说明
生态环境保护	森林覆盖率　山区	%	≥65	约束性指标
	森林覆盖率　丘陵区	%	≥35	
	森林覆盖率　平原地区	%	≥12	
	高寒区或草原区（林草覆盖率）	%	≥80	
	受保护地区占国土面积比例	%	≥15	约束性指标
	退化土地恢复率	%	≥90	参考性指标
	物种保护指数	—	≥0.9	参考性指标
	城镇人均公共绿地面积	m²/人	≥11	约束性指标

①森林覆盖率是指森林面积占土地面积的比例。高寒区或平原区林草覆盖率是指区内林地、草地面积之和与总土地面积的百分比。计算公式为：

$$林草覆盖率=林草地面积之和/土地总面积×100\% \qquad (4\text{-}16)$$

②受保护地区占国土面积比例指标含义及计算方法参照《国家生态文明建设试点示范区指标（试行）》受保护地区指标。

③城镇人均公共绿地面积是指城镇公共绿地面积的人均占有量。公共绿地包括公共人工绿地、天然绿地，以及机关、企事业单位绿地。

④退化土地恢复率指标。土地退化是指使用土地或由于一种营力或数种营力结合致使雨浇地、水浇地或草原、牧场、森林和林地的生物或经济生产力和复杂性下降或丧失，其中主要包括：风蚀和水蚀致使土壤物质流失；土壤的物理、化学和生物特性或经济特性退化；自然植被被长期丧失。本指标计算以水土流失为例，水利部规定小流域侵蚀治理达标标准是，土壤侵蚀治理程度达 70%，其他土地退化，如沙漠化、盐渍化、矿产开发引起的土地破坏等也可类推。计算公式为：

$$退化土地恢复率（\%）=已恢复的退化土地总面积/退化土地总面积×100\% \qquad (4\text{-}17)$$

⑤物种保护指数是指考核年动植物物种现存数与生态省建设规划基准年动植物物种总数之比。计算公式为：

$$物种保护指数=考核年动植物物种数/基准年动植物物种数 \qquad (4\text{-}18)$$

（2）数据来源

基本条件中，外来入侵物种对生态环境的影响，数据来源：发展改革委、环保等部门。生态环境质量评价指数数据来源：环保部门。

建设指标中，森林覆盖率指标的数据来源：统计、林地、农业、国土资源部门；受保护地区占国土面积比例数据来源：统计、环保、建设、林业、国土资源、农业等部门；城镇人均公共绿地面积数据来源：统计、建设部门；退化土地恢复率数据来源：水利、林地、国土、农业部门；物种保护指数数据来源：林业、农业、环保部门。

4.3.4.1.7 《全国环境优美乡镇考核标准（试行）》

全国环境优美乡镇考核指标见表 4-33。

表 4-33　全国环境优美乡镇考核指标（节选）

考核内容	指标名称	指标值
乡镇辖区生态环境	平原地区森林覆盖率（%）	≥10
	农田林网化率（%，只考核平原地区，南方）	≥70
	草原载畜量［头（只）/亩，只考核草原地区］	符合国家不同类型草地相关标准
	水土流失治理度（%）	≥70

4.3.4.1.8 小结

综观现有生态环境指标，可以分为四个方面：

（1）从土地利用数据出发，利用各类型土地利用面积占比衍生出相关指标，如生物丰度指数、植被覆盖指数、农田林网指数、林草覆盖率等；

（2）针对水土流失、土地沙化等突出问题，提出土地退化指数、坡耕地面积比；

（3）考虑特殊生态用地（受保护地、生态用地、生态红线等）占辖区的面积，以反映当地的生态环境保护压力和环境承载力；

（4）从生物多样性出发，如物种保护指数、外来入侵物种对生态环境影响。

《生态环境状况评价技术规范（试行）》作为现有生态环境评估的主要技术依据，生物丰度指数、植被覆盖指数、水网密度指数、土地退化指数和环境质量指数 5 个指标计算主要基于土地利用/覆盖数据，指标值相关性较大，且环境质量指数也被纳入计算。指数计算多涉及遥感监测技术，在实际工作中，考虑全国农村地区经济社会发展水平和环境监测技术能力的差异，在县级层面开展遥感监测工作存在较大困难。

在地势不平坦区域，水土流失确实是重要的环境问题之一，会导致土地退化，生产力下降，生态环境恶化。在《生态环境状况评价技术规范》（HJ/T 192—2006）中提到了

"土地退化指数"，根据轻度侵蚀、中度侵蚀和重度侵蚀面积加权计算得到土地退化指数。其中土地侵蚀程度根据土壤侵蚀模数和平均流失厚度来判断。考虑到这两项指标在农村地区难以获取，而植被覆盖是控制土壤侵蚀的关键因素，已有观测试验和研究显示，在其他条件一定时，侵蚀量与植被覆盖度具有显著的负相关关系，且植被覆盖指数数据易获取、计算简便，能有效反映土地退化情况，两指标相关性较大。

特殊生态用地（受保护地、生态用地、生态红线等）占辖区的面积，指标仅考虑了需特殊保护用地的比重，还未考虑保护现状、人类活动干扰影响，如不合理开发建设面积占特殊生态用地比例等，指标意义具有一定的局限性。

从生物多样性出发，考虑物种保护，提出了物种保护指数和入侵物种对生态环境影响，其中物种保护指数为定量指标，指考核年动植物物种现存数与生态省建设规划基准年动植物物种总数之比，入侵物种对生态环境影响则为定性指标，数据来源于发展改革委、环保等部门。指标未能定量与定性相结合，从数量、影响等方面综合考虑。

4.3.4.2　新农村生态环境质量评估指标选取

新农村生态环境质量评估指标体系由一系列能敏感清晰地反映生态系统基本特征及生态环境变化趋势的指标构成。

植被是重要的自然资源，是陆地生态系统的主要组分，其根系深入土壤，枝叶接触空气，特有的蒸腾和光合作用使土壤、大气、水分等自然地理要素相互联系、相互作用，实现了陆地生态系统的物质能量交换和生物化学循环。植被的类型、数量和质量的变化深刻影响陆地生态系统；相反，陆地生态系统的任何变化必然在植被类型、数量或者质量方面有所响应。植被覆盖度一般定义为乔、灌、草和农作物在内所有植被的冠层、枝叶在生长区域地面的垂直投影面积的百分比，是刻画地表植被覆盖的一个重要参数，也是指示生态环境变化的重要指标之一。同时，植被覆盖也是控制土壤侵蚀的关键因素，已有观测试验和研究显示，在其他条件一定时，侵蚀量与植被覆盖度具有显著的负相关关系。结合现有数据统计口径，考虑数据的可获取性，本研究提出的"植被覆盖指数"，是指评价区域内林地、草地、耕地等三种类型的面积占陆域总面积的比例，是反映植被覆盖程度。

生物多样性是生物及其与环境形成的生态复合体以及与此相关的各种生态过程的综合，是人类生存最为重要的基础。生物入侵是造成全球生物多样性丧失的重要因素。根据国家环境保护总局于 2001—2003 年组织开展的第 1 次全国外来有害入侵物种调查，共查明 283 种外来入侵物种，这些外来入侵物种对我国造成的经济和环境损失高达 1 198.76 亿元（以 2000 年为基准年）。2008—2010 年开展了第 2 次全国外来入侵物种调查，结果表明：100 种世界恶性外来入侵物种中在我国发生的物种有 27 种。截至 2013 年，我国确认的外来入侵物种已达 544 种，成为世界上遭受生物入侵最严重的国家之一，严重破坏生态环境，导致生态退化和生物多样性丧失。本研究提出"外来有害物种入侵危害程度"，用于反映地区生物多样性和生态安全状况，结合民众感官，定量与定性相结合进行评估。

结合我国现有农村生态环境相关指标、农村环境现有监测能力与工作基础，本研究中生态环境质量评估因子包括：植被覆盖指数和外来有害物种入侵危害程度，具体指标体系架构见表 4-34。

表 4-34　生态环境质量评估指标体系

要素层	指标层	因子层
生态环境质量指数	植被覆盖率	林地面积、草地面积、耕地面积、陆域面积
	外来有害物种入侵危害程度	外来有害物种数量、生态危害

4.3.5　人居环境建设要素

4.3.5.1　现有人居环境建设指标概述

（1）国家级生态县建设指标

国家级生态县建设指标（节选）见表 4-35。

表 4-35　国家级生态县建设指标（节选）

序号	指标	单位	标准值	备注
14	农村生活用能中清洁能源所占比例	%	≥50	参考性指标
15	秸秆综合利用率	%	≥95	参考性指标
16	规模化畜禽养殖场粪便综合利用率	%	≥95	约束性指标
18	集中式饮用水水源水质达标率	%	100	约束性指标
	村镇饮用水卫生合格率			
19	农村卫生厕所普及率	%	≥95	参考性指标

（2）国家级生态乡镇建设指标

国家级生态乡镇建设指标（节选）见表 4-36。

表 4-36　国家级生态乡镇建设指标（节选）

类别	序号	指标名称	指标要求		
			东部	中部	西部
环境污染防治	1	建成区生活污水处理率（%）	80	75	70
		开展生活污水处理的行政村比例（%）	70	60	50
	2	建成区生活垃圾无害化处理率（%）	≥95		
		开展生活垃圾资源化利用的行政村比例（%）	90	80	70
	3	重点工业污染源达标排放率（%）	100		
	4	饮食业油烟达标排放率（%）**	≥95		
	5	规模化畜禽养殖场粪便综合利用率（%）	95	90	85
	6	农作物秸秆综合利用率（%）	≥95		
	7	农村卫生厕所普及率（%）	≥95		
生态保护与建设	8	使用清洁能源的居民户数比例（%）	≥50		

注：* 指标仅考核乡镇、农场；** 指标仅考核涉农街道。

（3）国家级生态村建设指标

国家级生态村建设指标（节选）见表 4-37。

表 4-37　国家级生态村建设指标（节选）

类别	指标名称	东部	中部	西部
环境卫生	1. 饮用水卫生合格率（%）	≥95	≥95	≥95
	2. 户用卫生厕所普及率（%）	100	≥90	≥80
污染控制	3. 生活垃圾定点存放清运率（%）	100	100	100
	4. 无害化处理率（%）	100	≥90	≥80
	5. 生活污水处理率（%）	≥90	≥80	≥70
	6. 工业污染物排放达标率（%）	100	100	100
资源保护与利用	7. 清洁能源普及率（%）	≥90	≥80	≥70
	8. 农膜回收率（%）	≥90	≥85	≥80
	9. 农作物秸秆综合利用率（%）	≥90	≥80	≥70
	10. 规模化畜禽养殖废弃物综合利用率（%）	100	≥90	≥80

（4）江苏省村庄环境整治考核标准

表 4-38　江苏省村庄环境整治考核标准（环境整洁村）（节选）

序号	项目	达标要求	分值
1	环境卫生	1. 生活垃圾及时清扫保洁、收集、转运	15
		2. 无露天焚烧秸秆，规模化、集约化畜禽养殖污染物得到有效治理	5
		3. 制定了维护村庄环境卫生的村规民约并有效执行	5
		4. 有明确的卫生保洁、垃圾收运人员负责村庄环境卫生日常管理	5
2	配套设施	1. 饮用水水质、水压、水量满足需求	10
		2. 道路满足居民基本出行需求	10

表 4-39　江苏省村庄环境整治考核标准（一星级康居乡村）（节选）

序号	项目	达标要求	分值
1	环境卫生（30分）	1. 生活垃圾及时清扫保洁、收集、转运	10
		2. 雨水排放通畅，雨后路面无明显积水	3
		3. 卫生户厕无害化达标率达 90%以上	3
		4. 生活污水实行有组织收集，无乱排现象	4
		5. 对现有工业污染源依法进行整治，村内无新增工业污染企业	3
		6. 无露天焚烧秸秆，农作物秸秆综合利用率达 90%以上；规模畜禽养殖场粪便无害化处理和资源化利用率达 85%以上	3
		7. 制定了维护村庄环境卫生的村规民约并有效执行	2
		8. 有明确的卫生保洁、垃圾收运人员负责村庄环境卫生日常管理	2
2	配套设施（20分）	1. 公路达村，满足村民出行需求	5
		2. 村内主要道路实现硬质化，次要道路及宅间路尽可能采用乡土生态材料铺设	3
		3. 饮用水水质、水压、水量满足需求	3
		4. 农村饮用水水源地得到保护	2
		5. 电力、有线电视、通信等通村入户	2
		6. 村级公共服务功能基本满足农民生产生活要求	5

表 4-40　江苏省村庄环境整治考核标准（二星级康居乡村）

序号	项目	达标要求	分值
1	环境卫生	1．生活垃圾及时清扫保洁、收集、转运，无暴露垃圾和积存垃圾	8
		2．雨水排放通畅，雨后路面无明显积水	2
		3．卫生户厕无害化达标率达 95%以上	4
		4．生活污水实行有组织收集，无乱排现象	4
		5．在村庄适宜位置至少配建 1 座三类水冲式公共厕所	2
		6．对现有工业污染源依法进行整治，村内无新增工业污染企业	3
		7．无露天焚烧秸秆，农作物秸秆综合利用率达 95%以上；规模畜禽养殖场粪便无害化处理和资源化利用率达 90%以上	3
		8．制定了维护村庄环境卫生的村规民约并有效执行	2
		9．有明确的卫生保洁、垃圾收运人员负责村庄环境卫生日常管理	2
2	配套设施	1．公路达村	2
		2．村内主要道路实现硬质化，在一侧合理设置路灯照明；次要道路及宅间路尽可能采用乡土生态材料铺设	3
		3．结合村庄实际，建有满足需求的停车场地	1
		4．饮用水水质、水压、水量满足需求	2
		5．村民自来水入户率达 98%以上	2
		6．农村饮用水水源地得到保护	2
		7．电力、有线电视、通信等通村入户	1
		8．村级公共服务功能基本完善，公共活动和健身运动场地基本配套	7

表 4-41　江苏省村庄环境整治考核标准（三星级康居乡村）

序号	项目	达标要求	分值
1	环境卫生	1．采用上门收集或配置密封垃圾箱（桶）等方式，使生活垃圾得到及时清扫、收集	2
		2．合理布置垃圾箱（桶），并与村庄风貌协调	2
		3．配备转运车辆，生活垃圾日产日清，无暴露垃圾和积存垃圾	4
		4．有完善的雨水排放明沟暗渠体系，雨水排放通畅，路面无明显积水	2
		5．卫生户厕无害化达标率达 98%以上	2
		6．生活污水有效收集、处理	4
		7．在村庄适宜位置至少配建 1 座三类水冲式公共厕所	2
		8．对现有工业污染源依法进行整治，村内无新增工业污染企业	2
		9．无露天焚烧秸秆，农作物秸秆综合利用率达 100%；规模畜禽养殖场粪便无害化处理和资源化利用率达 95%以上	3
		10．农业废弃物利用设施与村庄的整体风貌相协调	1
		11．编制切实可行的村庄环境整治方案，并在村内显著位置公布	2
		12．制定维护村庄环境卫生的村规民约并有效执行	2
		13．有明确的卫生保洁、垃圾收运、绿化养护人员负责村庄环境卫生日常管理	2

序号	项目	达标要求	分值
2	配套设施	1. 通村道路满足客运公交要求	2
		2. 村内主要道路实现硬质化，在一侧合理设置路灯照明，次要道路及宅间路尽可能采用乡土生态材料铺设	3
		3. 新建村内道路走向与村庄形态、地形地貌有机结合，宽度适宜	2
		4. 结合村庄实际，建有满足停车需求的公共停车场地	1
		5. 饮用水水质、水压、水量满足需求	2
		6. 村民自来水入户率达100%	2
		7. 农村饮用水水源地得到保护	2
		8. 电力、有线电视、通信等通村入户	1
		9. 村级便民服务、科技服务、医疗服务、就业创业服务、平安服务、文体活动、群众议事等功能完善、规模适度	3
		10. 公共活动场地和健身运动场地设施配套	2

（5）小结

现行人居环境建设评估考核指标主要集中在饮用水安全保障、生活垃圾处置、生活污水处理、畜禽养殖污染治理等方面。

4.3.5.2　新农村人居环境建设评估指标选取

参考现行人居环境建设评估指标，本研究选取的新农村人居环境建设评估指标包含生活垃圾无害化处理率、生活污水处理率、饮用水集中供水率、规模化畜禽养殖场粪便综合利用率和使用清洁能源的居民户数比例。对无规模化畜禽养殖场的村庄不考核规模化畜禽养殖场粪便综合利用率，具体见表4-42。

表4-42　人居环境建设评估指标体系

要素层	指标层	因子层
人居环境建设指数	生活垃圾无害化处理率	无害化处理的生活垃圾数量、生活垃圾产生总量
	生活污水处理率	经过污水处理厂以及其他经技术规范推荐的农村生活污水处理设施处理的生活污水量、生活污水排放总量
	饮用水集中供水率	集中供水形式取得饮用水的人口、总人口
	规模化畜禽养殖粪便综合利用率	规模化畜禽养殖场或养殖小区综合利用的畜禽养殖粪便量、规模化畜禽养殖场或养殖小区畜禽养殖粪便产生总量
	使用清洁能源的居民户数比例	使用清洁能源户数、总户数

4.3.6　公众满意度要素

4.3.6.1　现有公众满意度指标概述

目前，一些质量综合评估体系中一些设置了主观的公众满意度指标，另一些则全部为客观质量指标。国家生态县市考核指标中，均在社会进步部分设置公众对环境的满意率指标，在国家城市环境综合整治定量考核及国家环境保护模范城市考核中也设置了公众对城市环境保护的满意率指标，江苏省小康社会"环境质量综合指数"考核中也设置了公众对城乡环境保护的满意率指标，这些指标一般由统计局相关部门对环境管理和环境质量等进行调查。此外，在生态村考核中直接进行现场调查。

4.3.6.2　新农村公众满意度指标选取

农村人居环境质量综合评估是为了反映环境对居民生产生活的适宜程度，为使农村环境质量综合评价结果更符合居民的实际感受，本项目选取公众满意度指标作为主观指标，更好地体现环保工作以人为本的理念。

公众满意度是指公众对评价区域环境的满意程度。具体评估指标体系架构见表 4-43。

表 4-43　公众满意度评估指标体系

要素层	指标层	因子层
公众满意度	公众满意度	空气质量满意度、水环境满意度、土壤环境满意度、生态环境满意度、饮用水质量满意度、垃圾转运满意度、秸秆焚烧满意度、畜禽污染控制满意度

4.4　指标数据的获取

4.4.1　环境空气质量数据获取

4.4.1.1　有环境空气自动监测站

若所评价区域有环境空气自动监测站，则引用该自动站的数据。

4.4.1.2　无环境空气自动监测站

若评价区域没有环境空气自动监测站，则采用人工监测方法。

（1）点位布设

在县域（乡镇）范围内，选取 1～2 个代表性村庄，各布设 1～2 个监测点位开展环境空气质量监测。

（2）监测频次

每年监测 4 次，每季度各监测 1 次，每次连续 7 d，每天连续监测，记录日平均值。

（3）监测方法

以手工监测和自动监测相结合的方法，逐步发展为自动监测为主，执行《环境空气质量手工监测技术规范》（HJ/T 194—2005）、《环境空气气态污染物（SO_2、NO_2、O_3、CO）连续自动监测系统安装和验收技术规范》（HJ 193—2013）、《环境空气颗粒物（PM_{10}和 $PM_{2.5}$）连续自动监测系统安装和验收技术规范》（HJ 655—2013）。

4.4.2 水环境质量监测数据获取

4.4.2.1 有例行监测数据

若评价区域有县级环境监测机构例行监测数据，则引用例行监测数据。

4.4.2.2 无例行监测数据

若评价区域没有例行监测数据，则开展人工监测。

4.4.2.2.1 饮用水水源地水环境质量监测

（1）点位布设

以县域（乡镇）范围内集中式饮用水水源地为监测点位布设单元，每个集中式饮用水水源地至少布设 1 个监测断面/点位，如已有国控、省控、市控断面/点位，则引用其监测数据。

（2）监测频次

每 2 个月监测 1 次，在丰水期降水后增加 1 次监测。

（3）监测方法

地表水饮用水环境质量以手工监测和自动监测相结合的方法，逐步向自动定点监测发展；地下水饮用水环境质量采用手工监测。监测过程执行《地表水和污水监测技术规范》（HJ/T 91—2002）和《地下水环境监测技术规范》（HJ/T 164—2004）。

4.4.2.2.2 地表水环境质量监测

（1）断面/点位布设

以县域（乡镇）范围内划定环境功能区的地表水体作为评估对象及监测断面/点位

布设单元，每个不同的环境功能区段至少布设 1 个监测断面/点位，如已有国控、省控、市控断面/点位，则引用其监测数据。区域内无地表水体，以及北方严寒地区冰封季节不具备监测条件时，可不进行监测。

（2）监测频次

每季度监测 1 次，全年监测 4 次，在枯水期可适当增加监测频次。

（3）监测方法

以手工监测为主，自动监测为辅，随着经济水平的发展逐步向自动监测过渡，执行《地表水和污水监测技术规范》（HJ/T 91—2002）。

4.4.2.2.3　地下水环境质量监测

（1）点位布设

以县域（乡镇）范围内地下水水文地质单元为监测点位布设单元，结合地下水饮用水水源地监测现状，布设监测点位，与地下水饮用水水源地监测点位布设在不同的区域。每个水文地质单元至少布设 1 个监测点位。

（2）监测频次

每年监测 1 次，地下水污染严重的地区适当增加监测频次。

（3）监测方法

采用手工监测，执行《地下水环境监测技术规范》（HJ/T 164—2004）。

4.4.3　土壤环境质量监测数据获取

4.4.3.1　点位布设

在县域（乡镇）范围内，按照均匀布点原则，选择 3 个基本农田、3 个园地（果园、茶园、菜园等）和 1 个饮用水水源地周边布设监测点位；另外，在重点区域土壤中选择两类布设监测点位。

基本农田和园地所选的监测点位要求在行政区域、作物种类、土壤质量上有明显不同。重点区域土壤包括：工矿企业周边土壤；畜、禽、水产养殖场周边土壤；污水灌溉的农田土壤；大量堆放工业废渣、生活垃圾场地周围的土壤；长期受工业废气和粉尘影响的土壤；居民区周边土壤；其他疑似有污染的土壤。

4.4.3.2　监测频次

每 3 年监测 1 次。在夏收或秋收后采样，避免在施用农药、化肥后立即采样。

4.4.3.3　监测方法

监测方法包括样品采集、样品流转、样品制备、样品保存、分析测定等，执行《土壤环境监测技术规范》（HJ/T 166—2004）相关要求。

4.4.3.4　评估标准

执行《土壤环境质量标准》（GB 15618—1995）二级标准和全国第二次土壤普查养分分级等相关标准。

4.4.4　生态环境质量评估数据获取

植被覆盖指数计算涉及林地面积、草地面积、耕地面积和陆域总面积 4 个指标。数据来源：上一年度的统计数据，林地数据由县级人民政府林业主管部门提供；草地面积由县级人民政府农业主管部门提供；耕地面积和陆域面积由县级人民政府国土资源、城乡建设主管部门提供。

外来有害物种入侵危害程度指标涉及是否存在外来有害物种和是否造成生态危害两方面。外来有害物种名单参照《关于发布中国第一批外来入侵物种名单的通知》（环发〔2003〕11 号）、《关于发布中国第二批外来入侵物种名单的通知》（环发〔2010〕4 号）、《关于发布中国外来入侵物种名单（第三批）的公告》（公告 2014 年第 57 号）。数据来源：由县级人民政府林业、农业、环保等部门提供并结合现场调查结果和专家咨询结果。数据调查频次为每年 1 次。当年评估采用上一年度数据。

4.4.5　人居环境建设质量评估数据获取

4.4.5.1　生活垃圾无害化处理率

生活垃圾无害化处理的生活垃圾数量、生活垃圾产生总量数据由环卫部门提供。

4.4.5.2　生活污水处理率

经过污水处理厂以及其他经技术规范推荐的农村生活污水处理设施处理的生活污水量/生活污水排放总量数据由建设和环保部门提供。

4.4.5.3　饮用水集中供水率

集中供水形式取得饮用水的人口、总人口数据由建设、水利、卫生部门提供。

4.4.5.4　规模化畜禽养殖场粪便综合利用率

规模化畜禽养殖场或养殖小区综合利用的畜禽养殖粪便量、规模化畜禽养殖场或养殖小区畜禽养殖粪便产生总量数据由农业、环保部门提供。

4.4.5.5　使用清洁能源的居民户数比例

使用清洁能源户数、总户数数据由农业部门提供。

4.4.6　公众满意度数据获取

公众满意度指标的数据获取采用问卷调查的方法获得。县域公众满意度通过问卷调查，或委托国家统计局直属调查队的调查结果获取。随机抽样人数不少于 200 人。公众满意度调查参照表 4-44 执行。

表 4-44　新农村环境质量公众满意度调查表

被调查人住址	县（区）		乡（镇）		村	
调查时间	月	日		调查员签字		
1. 您对所在县（乡镇）的空气质量是否满意？						
□A 非常满意　□B 比较满意　□C 一般　□D 不太满意　□E 很不满意　□F 说不清						
2. 您对所在县（乡镇）的河湖等水环境质量现状是否满意？						
□A 非常满意　□B 比较满意　□C 一般　□D 不太满意　□E 很不满意　□F 说不清						
3. 您对所在县（乡镇）的土壤环境质量现状是否满意？						
□A 非常满意　□B 比较满意　□C 一般　□D 不太满意　□E 很不满意　□F 说不清						
4. 您对所在县（乡镇）的生态质量现状是否满意？						
□A 非常满意　□B 比较满意　□C 一般　□D 不太满意　□E 很不满意　□F 说不清						
5. 您对所在县（乡镇）的饮用水质量现状是否满意？						
□A 非常满意　□B 比较满意　□C 一般　□D 不太满意　□E 很不满意　□F 说不清						
6. 您对所在县（乡镇）的垃圾收运工作现状是否满意？						
□A 非常满意　□B 比较满意　□C 一般　□D 不太满意　□E 很不满意　□F 说不清						
7. 您对所在县（乡镇）的秸秆禁烧工作是否满意？						
□A 非常满意　□B 比较满意　□C 一般　□D 不太满意　□E 很不满意　□F 说不清						
8. 您对所在县（乡镇）的畜禽污染控制工作是否满意？						
□A 非常满意　□B 比较满意　□C 一般　□D 不太满意　□E 很不满意　□F 说不清						

第5章　新农村人居环境质量综合评估技术方法

　　采用何种方法对新农村人居环境质量进行有效评估，是关系到评估模型可行性和有效性的重要方面。本章梳理了现有评估方法，阐述了各要素指数的计算方法，新农村人居环境质量指数计算方法。

5.1　评估方法的选择

5.1.1　现有评估方法概述

　　环境质量综合评估是一个多层次、多指标的复杂体系，因此需要通过定量化方法构建数学模型，清晰地表达出关键性、综合性的信息。国外部分研究运用统计学与建立模型的方法来进行综合评价，如均权法、简单加权平均法、几何加权平均法、主成分分析法、模糊聚类法等[63-66]。国内指数法、模糊数学、灰色系统、人工神经网络法、物元分析等数学方法逐渐被应用到人居环境领域，人居环境评估方法趋向于多元化发展。这些评估方法各有优缺点，为了不断提高评价结果的精确性，多种评估方法的组合使用也成为未来人居环境评估方法体系发展的趋势。

5.1.1.1　综合指数评价法

　　综合指数法是指在确定一套指标体系的基础上，对各个个体指标加权计算出综合值，用以综合评估整体质量的一种方法。综合指数值越大，则代表农村环境质量越高。

5.1.1.2　模糊综合评价法

　　1965 年，美国自动控制专家 L.A.Zadeh 教授率先提出模糊集合理论的概念，用以表达事物的模糊性，从而推动了模糊数学理论的应用与发展。模糊综合评价法以模糊数学为基础，根据模糊合成关系原理，从定量层面上运用隶属度函数对受到多种因素制约的事物作出总体评价，很好地解决了评价因素、评价标准界限模糊、难以量化的问题。由于该法具有结果清晰、系统性强等一系列优点，目前已被广泛应用于工程技术、社会科学及生态环境等领域。近年来，模糊综合评价法在生态领域的应用已日趋成熟，因此运用该法评价城市生态环境质量会得到更加合理、客观、精确的结果。

5.1.1.3　主成分分析法

在多变量统计问题研究中，人们总希望在定量分析时能通过少数具有代表性的变量，得到相对关键的信息。主成分分析法（principal component analysis，PCA）是由英国数学家 Karl Pearson 于 1901 年首先引入并应用于数理建模、数据统计分析的一种方法。PCA 主要针对数量多且具有一定相关性的变量，通过合理的数学变换，将原来的多个变量转换成相互独立且包含原有指标大部分信息（80% 以上）的综合指标的多元统计方法。PCA 具有减少指标选择工作量、降低评价指标之间的相互影响等优点，被大量应用于社会学、经济学和管理学的评价中。

5.1.1.4　层次分析法

20 世纪 70 年代，美国运筹学家 Thomas.L.Satty 提出层次分析法（analytic hierarchy process，AHP）。该方法是一种定量与定性相结合的多指标、多方案优化决策的系统方法。其基本思路为将复杂的问题简单化、层次化，建立层次结构模型。在该结构模型中，根据不同的属性，将问题相关的各个因素从上到下（或从左到右）分成若干层次，包括目标层、准则层、指标层，同时某一层次的元素对下一层次的相关元素起到支配作用，同时该层次也受到更上一层次相关元素的影响。层次分析法由于模拟了人类决策过程的思维方式而常常被用于评价指标体系的赋权，是一种有效的主观赋权法，主要计算步骤有：

①构造判断矩阵。
②求判断矩阵的特征向量、特征根。
③对判断矩阵进行一致性检验。
④确定指标权重。

近年来，该法逐渐被应用于生态领域，多用于赋权。该法具有操作简单、层次清晰等优点。

5.1.1.5　人工神经网络评价法

人工神经网络是由与人脑神经细胞类似的人工神经元互相联系而成。其工作原理是模拟人脑思维解决问题的过程，通过一定准则对已知样本进行学习，从而获取先验知识对新的样本进行识别与分析。通过人工神经网络法，建立与人脑思维模式相近的综合评价模型，解决模糊、不确定性的问题。近年来，部分研究将人工神经网络 B—P 模型应用到生态领域，该模型可以根据需要选取多个评价参数不断进行调整，因而适应性较强。

5.1.1.6　物元分析法

物元分析是将问题分为条件与目的，通过条件达到目标的问题称为相容问题，反之则称为不相容问题。在生态环境质量评价的实际过程中常常会出现的不相容问题，物元分析法即通过物元变换将此类不相容问题转变为相容问题，从而分析识别评价对象属于某个等级的程度。通过计算评价对象对某个等级的综合关联度，定量分析生态环境质量。

5.1.1.7　熵值法

熵是克劳修斯（Rudolf Clausius）首次提出并应用于热力学的一个物理概念，后由申农（C.E. Shannon）将其在信息论中引入。熵值法中，某项指标的指标值变异程度越大，熵值越小，该指标提供的信息量越大，其指标的权重也越大；反之则相反。

5.1.2　评估方法的筛选

综合指数法计算简便，在统一处理决策中能综合表达定性与定量因素，表现形式简单，但权重确定受人为因素影响；层次分析法能综合系统地表达定性和定量因素，但特征值和特征向量的精确求法较复杂，且所得结论过分依赖决策者的主观判断，客观性不足；模糊综合判断法能比较客观地表达评估中的模糊性，但采用取小取大的运算法则，会遗失一些有用信息；神经网络法具备自组织、自适应、自学习和容错性能力，但需大量的环境数据作为训练样本，计算工作量大。

新农村人居环境质量评估必须体现综合性，真实系统地反映自然环境、居住环境等状况，同时重视农村居民对环境的主观感知。需要注意的是，现阶段我国农村环境监测标准化建设薄弱，环境监管能力不足，这就要求评估方法尽可能简单易行，以便有效利用评估方法监管区域环境状况及变化。综合指数法将评估对象的多个性质不同、计量单位各异的指标值利用不同权重综合成一个无计量单位，进而用以反映评估对象的相对优劣程度。该方法具有使用简便、评价结果直观、精确度较高等优点，在环境质量综合评估中应用较广。

综合以上因素，采用综合指数法对农村环境质量进行评估。

5.2　新农村人居环境质量综合评估方法的建立

5.2.1　各要素指数计算方法

由于指标体系中各评估指标具有不同性质，数值差异巨大，且计量单位往往也不一样，为消除原始指标量纲影响，对各要素指数进行归一化处理，使各指数值为 0～100。

5.2.1.1　环境空气质量指数计算方法

以县域为评估单元，对照《环境空气质量标准》（GB 3095—2012）中相应的标准按环境空气质量功能区划要求，采用单因子标准指数法进行评价。县域环境空气质量指数计算公式如下。

$$A_1 = D \times \frac{n_1}{N_1} \tag{5-1}$$

式中，A_1——县域环境空气质量指数；

　　　　D——县域环境空气质量指数赋值：100；

　　　　n_1——达标频次，评估指标均达标，该监测频次为达标，否则，不达标；

　　　　N_1——监测频次。

5.2.1.2　水环境质量指数计算方法

（1）指标判断

定量指标采用单因子标准指数法，按环境功能区划要求进行评估。定性评价指标为通过嗅觉、味觉和肉眼可感知或辨别之物。若有则不达标；反之则达标。

（2）计算公式

定性指标与定量指标统一归化为达标频次进行评估，计算公式如下：

$$\begin{aligned} A &= D_1 \times A_1 + D_2 \times A_2 + D_3 \times A_3 \\ &= D_1 \times F \times \frac{n_1}{N_1} + D_2 \times F \times \frac{n_2}{N_2} + D_3 \times F \times \frac{n_3}{N_3} \end{aligned} \tag{5-2}$$

式中，A——水环境质量指数；

　　　　A_1、A_2、A_3——分别为饮用水水源地水环境质量指数、地表水环境质量指数、地下水环境质量指数；

D_1、D_2、D_3——分别为饮用水水源地、地表水、地下水环境质量所占权重，分别为 0.5、0.25、0.25（如区域内无地表水体，则饮用水水源地、地下水环境质量所占权重分别调整为 0.5、0.5）；

F——环境质量指数赋值，100；

n_1、n_2、n_3——分别为饮用水水源地、地表水环境质量监测达标频次、地下水环境质量监测达标频次，评估指标均达标，该监测频次为达标，否则，不达标；

N_1、N_2、N_3——分别为饮用水水源地、地表水环境质量监测达标频次、地下水环境质量监测频次。

5.2.1.3 土壤环境质量指数计算方法

对照相应的评价标准，采用单因子标准指数法进行评价，计算公式如下：

$$A = D \times \frac{n}{N} \qquad (5-3)$$

式中，A——土壤环境质量指数。

D——土壤环境质量指数赋值：100。

n——达标点位数。各监测点所有评估指标均达标，该监测点位为达标；否则，不达标。

N——评价区域监测点位总数。

5.2.1.4 生态环境质量指数计算方法

参考《生态环境状况评价技术规范（试行）》中评估方法，采用加权求和法计算农村生态环境质量指数。

5.2.1.4.1 指标权重确定方法

参考现有评价技术规范、规定等相关指标权重设置，综合考虑农村各生态问题的严峻程度，依据指标的重要性，经过多轮专家咨询和论证，确定植被覆盖指数权重为 0.7，外来有害物种入侵指标权重 0.3。

5.2.1.4.2 评估指标赋分

（1）植被覆盖指数

结合植被覆盖相关研究成果，提出了植被覆盖指数计算方法。植被覆盖指数介于 0～100 分，计算公式如下：

植被覆盖指数=A_{veg}×（林地面积+草地面积+耕地面积）/陆域总面积 （5-4）

式中，A_{veg}——植被覆盖指数的归一化系数*。

$$A_{veg}=100/A_{最大值}\qquad(5\text{-}5)$$

式中，$A_{最大值}$——植被覆盖指数归一化处理前的最大值。

1）若评估多个县域（乡镇）农村地区时，$A_{最大值}$取多个被评估区中林地、草地和耕地面积之和占各县域（乡镇）陆域总面积的最大值。

2）若仅评估单个县域（乡镇）农村地区时，若林地、草地与耕地面积占陆域面积超过 50%，则植被覆盖指数为 100。

（2）外来有害物种入侵指标

《外来物种风险评估技术导则》（以下简称《导则》）明确规定，外来入侵物种是指在当地的自然或半自然生态系统中形成了自我再生能力，可能或已经对生态环境、生产或生活造成明显损害或不利影响的外来物种。在对外来物种开展生态危害评估时，基本要求包括环境危害、经济危害和对危害的控制。其中，环境危害是指对重要本地物种及自然生态系统服务功能造成的损失；经济危害是指对农林业、贸易、交通运输、旅游等行业造成的损失；对危害的控制是指外来入侵物种的可控制性，检测的难度和成本。

针对农村生态环境监测方面的严重不足、生态影响量化评估难度大且专业性要求高的现状，从可操作性角度出发，《导则》中提出从是否存在外来有害入侵物种和是否造成生态危害两方面，判定外来有害物种入侵指标得分。参考《导则》中生态危害评估内容及现阶段农村生态环境监测能力，从易操作的角度出发，提出了包括环境危害和经济危害的生态危害。

外来有害物种入侵指标得分是依据外来物种入侵对环境的影响程度来确定的，综合多轮专家咨询和论证，划分为 0 分、60 分、100 分三级。得分判据见表 5-1。

表 5-1　外来有害物种入侵指标得分判据

评判标准	得分
存在外来有害入侵物种，且造成生态危害	0 分
存在外来有害入侵物种，但未造成生态危害	60 分
无外来有害入侵物种	100 分

（3）生态环境质量指数

生态环境质量指数的计算方法见下式。

生态环境质量指数=0.7×植被覆盖指数+0.3×外来有害物种入侵指标得分　　（5-6）

5.2.1.5 人居环境建设指数计算方法

根据人居环境建设项目对农村环境的重要性,结合专家咨询,确定生活垃圾无害化处理率、生活污水处理率、饮用水集中供水率和规模化畜禽养殖场粪便综合利用率和使用清洁能源的居民户数比例均赋予 20 分。因此,人居环境建设指数采用以下公式:

$$人居环境建设指数=20×生活垃圾无害化处理率+20×生活污水处理率+20×饮用水集中供水率+$$
$$20×畜禽养殖粪便综合利用率+20×使用清洁能源的居民户数比例 \qquad (5-7)$$

对无规模化畜禽养殖场地区则采用其余 4 项指标计算获得,根据项目对农村环境的重要性,结合专家咨询,确定生活垃圾无害化处理率、生活污水处理率和饮用水集中供水率和使用清洁能源的居民户数比例均赋予 25 分。因此,无规模化畜禽养殖场地区采用以下公式:

$$人居环境建设指数= 25×生活垃圾无害化处理率+25×生活污水处理率+$$
$$25×饮用水集中供水率+25×使用清洁能源的居民户数比例 \qquad (5-8)$$

5.2.1.6 公众满意度计算方法

公众满意度评估通过问卷调查获取评估区域原始数据,然后通过以下方法进行统计计算。

(1)单项问题计分标准

选择前 5 种答案分别计 100 分、80 分、60 分、30 分和 0 分,回答"说不清"按平均分数计分。

(2)单项问题计分方法

对同一问题,把所有被访者回答的分值相加,除以被访者人数,得单项问题分值。

(3)满意度计算方法

将 8 个问题的单项分值用算术平均数计算出平均分值,即本次评估的公众满意度分值。

5.2.2 新农村人居环境质量指数计算技术方法

依据各环境要素对农村环境质量的重要程度,确定各要素指数的权重。参照文献[67,68],采用专家咨询法对 6 个要素指数权重进行评估。通过对环境科学、地理学、生态学等领域 10 名专家的 3 轮专家咨询、意见反馈和数据分析,得到各要素指数的权重,环境空气质量指数、水环境质量指数、土壤环境质量指数、生态环境质量指数、人居环境建设指数和公众满意度权重分别为 0.15、0.3、0.2、0.15、0.1 和 0.1。

新农村人居环境质量指数（REQI）=0.15×环境空气质量指数+0.3×水环境质量指数+0.2×土壤环境质量指数+0.15×生态环境质量指数+0.1×人居环境建设指数+0.1×公众满意度

$$(5-9)$$

根据新农村人居环境质量评估指数，将新农村人居环境质量分为五级，即优、良、中、较差和差，见表 5-2。

表 5-2　新农村人居环境质量综合评估指数

级别	优	良	中	较差	差
指数	REQI≥90	75≤REQI＜90	60≤REQI＜75	40≤REQI＜60	REQI＜40

第6章 新农村人居环境监管技术研究

在我国特有的城乡二元结构条件下，城市与农村发展程度差别很大，农村地区的人口分布、社会结构、经营形式等呈现出多样性、自立性、开放性等明显不同于城市的特殊属性。现有的环境监管体系运用到农村，必然会出现监管手段针对性不足、有效性明显失衡的问题，建立适合新农村特点的人居环境监管技术具有重要意义。

本章界定了新农村人居环境监管内容，明确监管体系设计原则，构建监管技术体系，针对生态环境、居住环境和污染源建立了监管技术规范。

6.1 新农村人居环境监管技术体系的建立

6.1.1 监管内容的界定

新农村人居环境监管是指为保护农村人居环境所采取的一系列的监督管理措施，包括监管法律法规、监管体制机制和监管技术手段等内容，通过对危害环境行为的规制实现环境保护的目的。

由于新农村人居环境监管涉及面极其广泛，研究不可能面面俱到，结合典型区环境监管需求调研成果，针对目前农村地区主要的人居环境问题，本研究确定新农村人居环境监管内容包括农村生态环境质量监管、村庄居住环境质量监管和农村污染源及个体环境行为监督管理三大方面。

6.1.2 监管技术体系设计原则

6.1.2.1 采用社会化模式

改变政府部门作为环境监管的唯一主体的管理模式，赋予村民委员会和村民同样作为环境监管主体的权力，构建"政府—村委会—村民"三位一体的社会管理模式，这三者都是环境监管的主体，它们同时在管理自身和另外两类主体中的参与者或相关方的行为，发挥着不同的监管作用。

（1）政府发挥主导作用

根据新《环境保护法》，县级政府、乡镇政府是农村环境的第一责任人，县级和乡镇政府需要在农村人居环境监管中发挥主导作用，其主要职责包括：设立农村环境监管机构、监督农村环境管理政策与制度的实施、开展环境质量监测和污染源监测、监督农村生活污染治理设施的运行情况、组织开展农民环境教育、指导村委会开展环境保护自治工作。

（2）村委会发挥主体作用

根据我国宪法，村委会是基层农民选举产生的自治性组织，负责本村的公共事务和公益事业，是农民管理自己事务的组织形式。农村人居环境监管是一项公共事业，村委会必须依法承担相应的责任。同时，农村环境的复杂性使村委会参与监管成为必要，村委会熟悉当地环境情况，对本地环境更有责任心，因此在农村人居环境监管中必须发挥主体作用，其主要职责包括：开展村民环境教育、制定条例指导村民的环境行为并监督实施、监督本村生活污染治理设施的运行情况、及时上报各类环境违法信息等。

（3）农民发挥自律和监督作用

农民作为农村人居环境中的主要活动者，参与环境监管是必然的。一方面，农民需要提高环保意识、严格自律、规范自身的生产生活行为；另一方面，农民需要发挥公众监督作用，对基层政府、村委会等其他主体的监管工作进行监督，切实维护和保障自身的合法权益。

6.1.2.2 立足农村环境管理现状，便于操作

当前我国农村环境管理普遍现状是：相关法律法规缺失、管理体系尚未建立、各职能部门机制尚未理顺、基层环境管理部门人财物匮乏等。因此现有的环境监管技术手段不宜直接套用，应该考虑基层政府部门、村委会的现状能力，人居环境监管技术切实可行性。

6.1.2.3 考虑差异性，适当超前

我国农村地区面积辽阔，自然环境和经济社会发展水平有着极大的差异性，导致各地农村的基础设施建设水平、农村经济类型和农村居民人口素质不一。在东部沿海以及大城市周边等发达农村地区，农村基础设施较好、非农经济比重较大，这导致了一方面这类地区的污染负荷较大，另一方面具备一定的物质基础、同时农民环境意识也有所提高，因此在设计该类地区的监管技术应该适当提高要求，进行超前设计。

6.1.3 监管技术体系的建立

根据监管技术设计的原则,对照农村人居环境监管内容,本研究从生态环境监管、居住环境监管及污染源监管三个方面构建了生态环境监管技术规范体系,主要包括:生态环境监测技术规范;居住环境监管技术规范——生活污水处理设施监管技术规范、生活垃圾收集处理设施监管技术规范、农村环境卫生监管技术规范及农村水体保洁监管技术规范;污染源监管技术规范——个体加工户、畜禽养殖场(户)污染监管技术规范(图6-1)。

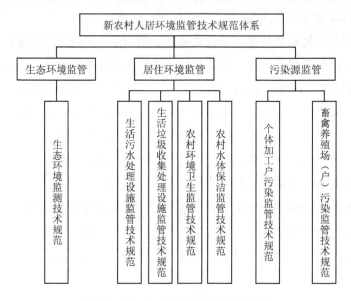

图 6-1 新农村人居环境监管技术体系

6.2 新农村人居环境监管技术内容

6.2.1 现有环境监管技术

6.2.1.1 环境监测技术

环境监测的目的是及时、准确、全面地反映环境质量及发展趋势,为环境规划与管理、环境影响与评价、污染控制及政府宏观决策提供科学依据。环境管理是国家环境保护部门基本职能,它运用行政、法律、经济、教育和科学技术手段,协调社会经济发展同环境保护之间的关系,处理国民经济各部门、各社会集团和个人有关环境问题的相互关系，使社会经济发展在满足人们物质和文化生活需要的同时，防治环境污染，保护生态环境，维护生态平衡，促进生态文明。环境监测是环境管理工作的千里眼、顺风耳，它为环境管理提供科学的监测数据和高效的管理服务。离开环境监测数据，环境管理就无从谈起，其地位和作用是非常重要的。环境监测是环境管理的重要手段，它通过提供科学有效的监测数据，为环境执法管理做好技术支持，实现行之有效的管理环境。环境监测数据反映了环境质量状况和污染物排放情况，它不仅是环境污染预测的基础，也是国家实施污染物总量控制、环境污染综合整治、推进治污减排等必不可少的管理措施。随着我国环境监督管理工作日趋法制化、定量化、科学化，环境监测工作的重要性也越来越突出，依靠科学的、有权威的监测数据，实施各项环境执法管理。

新农村人居环境监管工作的开展同样需要环境监测的技术支持，虽然农村地区的环境监测能力严重不足，但其重要作用不容忽视。随着农村地区经济的发展、科技的进步，环境监测技术终将在农村人居环境管理工作中得到全面应用，成为重要的技术支持手段。

（1）在线监测

在线监测技术是对重点环境质量监测和重点污染源监测的重要手段，2005 年 9 月 19 日，国家环境保护总局发布了《污染源自动监控管理办法》（国家环境保护总局令　第 28 号），明确为加强污染源监管，实施污染物排放总量控制、排污许可证制度和排污收费制度，预防污染事故，提高环境管理科学化、信息化水平，根据《中华人民共和国水污染防治法》《中华人民共和国大气污染防治法》《中华人民共和国环境噪声污染防治法》《建设项目环境保护管理条例》等有关环境保护法律法规，制定了该办法。并提出国家环境保护总局负责指导全国重点污染源自动监控工作，制定有关工作制度和技术规范。地方环境保护部门根据国家环境保护总局的要求按照统筹规划、保证重点、兼顾一般、量力而行的原则，确定需要自动监控的重点污染源，制订工作计划。对农村重点断面、重点污染源的在线自动监测有利于提升其监管水平，实现监管的常态化、过程化。

考虑农村区域范围大、重点源分布分散、巡查困难、公众举报能力不足等特点，应针对农村环境污染特点提出农村重点断面、重点污染源的在线自动监测要求。在城市国控重点污染源的基础上，将一些省控重点污染源纳入自动监测体系中。在城市集中式水源地水质自动监测的基础上，将一些重点建制镇集中式水源地纳入自动监测体系中。

（2）监督性监测

监督性监测是环保职能部门对辖区内的重点污染源，进行定期或者不定期的监测行为。当前监督监测主要应用于生态环境部门对污染源的监管领域，对城市来讲，环境质量的监测工作基本可以依托现有的自动监测站、在线监测点位来完成。农村地区面积广大，基础薄弱，大量在线监测、自动监测站点的建设成本太高。监督监测的应用领域就更为广泛，不仅在污染源监测领域，而且在环境质量监测领域、环境执法领域都可以应用。通过制定合理的监督监测方案保障人员、设备的调配，将监测成本降至最低，获取最多的监测数据，为农村人居环境监管提供更大的支持。

6.2.1.2　环境巡查技术

农村存在大量非重点污染源，不可能完全实现在线自动监测，有必要通过监察年度工作方案安排定期专项巡查实现全面的监管。

（1）定期检查

对重点污染源定期检查，检查其污染排放、污染治理、达标情况、污染负荷的削减、生产和污染治理设施的运行记录等。

（2）定期巡查

根据辖区污染源分布，按一定路线对各种污染源进行巡查，检查排污量变化大小、排放去向有无变化、排放规律有无变化等。

（3）不定期检查

对违反环境保护法律法规的行为（如偷排、污染治理设施停运、稀释排污等）、季节敏感性排污行为（如冬季取暖烟尘、双考期间环境噪声）进行查处。包括对偷排、超标排放、污染治理设施不正常运行等行为的突击性检查和突发性的污染事件（如某些污染事故、污染纠纷、信访案件、社会热点、舆论关注的污染事件等）的临时性检查。

6.2.1.3　物联网技术

物联网是新一代信息技术的重要组成部分，也是"信息化"时代的重要发展阶段，其英文名称是："Internet of Things（IOT）"。顾名思义，物联网就是物物相连的互联网。物联网的核心和基础仍然是互联网，是在互联网基础上的延伸和扩展的网络。其用户端延伸和扩展到了任何物品与物品之间，进行信息交换和通信，也就是物物相息。物联网通过智能感知、识别技术与普适计算等通信感知技术，广泛应用于网络的融合中，也因此被称为继计算机、互联网之后世界信息产业发展的第三次浪潮。利用多种类型的传感器和分布广泛的传感器网络，可以实现对某个对象的实时状态的获取和特定对象行为的监控，如使用分布在市区的各个噪声探头监测噪声污染，通过 CO_2 传感器监控大气中 CO_2 的浓度，通过 GPS 标签跟踪车辆位置，通过交通路口的摄像头捕捉实时交通流程等。

在新农村人居环境监管方面，对一些畜禽重点污染源，重点生态环境安全监控点、生活污水处理设施设备运转、生活垃圾转运设施设备运行等利用物联网技术实施监控，有利于实现全过程的可视化监管。

6.2.1.4　公众参与监管技术

（1）"12369"环保热线

充分利用"12369"环保热线，为农民提供环境监管公众参与的渠道。"12369"环保举报热线是全国统一的环保举报热线电话，按要求省级环保局和国家考核的重点城市环保局应在 2001 年 7 月 31 日前开通，其他县级以上环保局应在 2001 年 12 月 31 日前全部开通。"12369"采用先进的计算机自动受理系统，可 24 小时受理群众的举报投诉和监督，对群众举报可自动受理、自动处理、自动传输，提高工作效率，确保上通下达，政令畅通，实现举报、投诉、咨询工作的自动化和现代化。制定的《环保举报热线工作管理办法》于 2011 年 3 月 1 日起施行。该环保热线将做到 24 小时畅通，执法队伍接到举报迅速出动，及时处理环境违法案件，接受社会检验。

（2）环境监管 App

随着近年来人们对于雾霾、水污染等环境问题的关注度迅速提升，一大批环保类 App 也应运而生。据不完全统计，仅"空气质量监测"功能的 App 在苹果及安卓应用市场中就有百余个，部分下载量甚至突破千万次。以"污染地图""环保随手拍"为代表的多款环保类 App 推出，不同于以往"预报天气""晒空气质量"等功能的环保应用，最新的环保应用强化了"围观污染"的监督功能，使得人们将身边的污染"随手拍""随时晒"变得更为强大而便捷。"只要有一部分手机，人人都是环保员"，拿起手机，就能随手拍举报身边的排污行为，随时查看身边的工厂排污情况，"晒"上网。环境监管 App 让排污监督搭上移动互联网的快车。2014 年 6 月 9 日上线的"污染地图"通过对环保部门在网上公开数据的抓取，汇总了国内 190 个城市和 3 000 多家企业废弃污染源的实时排放数据，超标排放废气的企业名称会被标注在地图上，谁在排污、排污量多少、是否超标等情况一目了然，用户可以随时分享到微博、微信等社交平台，让企业接受公众监督。2014 年 6 月 19 日，一款被称为"绿侠"的环保 App"环保随手拍"，在北京发布上线。相比"污染地图"，"绿侠"更进一步突出了"举报"功能，用户可以通过手机等移动终端"随手拍"身边的污染行为并传输至系统后台，就能与环境执法部门实现联动。通过这种环境监督与公众参与"无缝对接"的线上监督体系，人人都能成为监督员，污染举报从而也更为快速。

借助新信息技术，开发农村人居环境监管 App，充分利用广大智能手机用户参与环境监管的热情，及时方便了解环境违法信息。农村环境监管 App 还有利于环保部门监察机构与手机用户，尤其是与环境违法信息举报者的互动，增进相互理解，提高监管效率。

目前，智能手机、计算机等信息终端在我国中东部地区农村已经非常普及，为物联网技术的广泛应用奠定了基础。对于农村地区环境监管对象及内容而言，物联网技术成熟，只需要将监管对象加装通信模块并开发一款应用程序即可接入网络投入运行，运营成本也比较低廉，节省较多的人力。

（3）遥感监测技术

遥感技术是一种利用物体反射或辐射电磁波的固有特性，远距离不直接接触物体而识别、测量并分析目标物性质的技术。它通过对地观测装置，利用地球上不同物体具有不同的光谱特性实现对地观测，获取有用信息。遥感技术具有监测范围广、速度快、成本低、便于进行长期动态监测等优势，还能发现用常规方法往往难以揭示的污染源及其扩散的状态，因此遥感技术正广泛地应用于监测水污染、大气污染等方面。遥感监测最重要的作用是不需要采样而直接可以进行区域性的跟踪测量，快速通过污染源的定点定位，污染范围的核定，大气生态效应，污染物在水体、大气中的分布、扩散等变化，从而获得全面的综合信息。它不仅可以快速、实时、动态、省时省力地监测大范围的环境变化和环境污染，具有其他常规方法不可替代的优越性；也可实时、快速跟踪和监测突发环境污染事件的发生、发展，并及时制定处理措施，减少污染造成的损失。

新农村人居环境具有区域性特征，且农村居民点分布零散，传统的监测技术难以全面铺开，遥感监测技术适合大范围、大尺度的监测，在新农村人居环境监测领域具有广阔的应用前景。同时，遥感技术在水环境监测、大气环境监测、土地利用现状监测等领域已经开展了丰富的研究，取得了众多的科研成果，为其在农村环境监测及农村环境监管领域的应用提供了基础条件。

6.2.2 生态环境监测技术

农村生态环境监测技术规范包括农村生态环境质量监测指标体系、监测点位布设、监测频次、质量控制等内容。

6.2.2.1 地表水环境质量监测

（1）监测断面布设

以县域所属的各乡镇为单元，在各乡镇的主要河流和湖泊设置监测断面，每个不同的环境功能区段至少布设一个监测断面，若已有国控、省控、市控断面，则引用其监测数据。若评估区域内无地表水体，以及北方严寒地区冰封季节不具备监测条件时，可不进行监测。

（2）监测频次

每季度监测 1 次，全年监测 4 次，在枯水期可适当增加监测频次。第二、第三季度选择在降雨结束后 3 天内完成采样监测，如果第二、第三季度没有降水，则在其他时段的降雨期增加 1 次监测。

（3）监测方法

以手工监测为主，自动监测为辅，随着经济水平的发展逐步向自动监测过渡，执行《地表水和污水监测技术规范》（HJ/T 91—2002）。

（4）监测因子

pH、COD_{Mn}、$NH_3\text{-}N$、TP。

6.2.2.2　地下水环境质量监测

（1）点位布设

以县域所属的各乡镇为单元，结合乡镇内水文地质单元布设监测点位，每个水文地质单元至少布设 1 个监测点位，监测点位应固定。

（2）监测频次

每年监测 1 次，地下水污染严重的地区适当增加监测频次。

（3）监测方法

采用手工监测，执行《地下水环境监测技术规范》（HJ/T 164—2004）。

（4）监测因子

pH、肉眼可见物、嗅和味、硝酸盐。

6.2.2.3　饮用水水源地水环境质量监测

（1）点位布设

以县域所属的各乡镇为单元，在各乡镇的集中式饮用水水源地设置监测点位，每个地表水饮用水水源地至少布设 1 个监测点位；若多个乡镇共用一个集中式饮用水水源地，监测点位及监测数据共享。

（2）监测频次

东部地区：每月监测 1 次；

中部地区：每两个月监测 1 次，枯水期适当增加监测频次；

西部地区：每季度监测 1 次。

（3）监测方法

地表水饮用水环境质量以手工监测和自动监测相结合的方法，逐步向自动定点监测发展；地下水饮用水环境质量采用手工监测。监测过程执行《地表水和污水监测技术规范》（HJ/T 91—2002）和《地下水环境监测技术规范》（HJ/T 164—2004）。

（4）监测因子

地表水：水温、pH、DO、COD_{Mn}、COD、BOD_5、NH_3-N、TP、TN、Cu、Zn、Se、As、Hg、Cd、Cr^{6+}、Pb、氟化物、氰化物、挥发酚、石油类、LAS、硫化物、粪大肠菌群、硫酸盐、氯化物、硝酸盐、Fe、Mn。

地下水：pH、NH_3-N、硝酸盐、亚硝酸盐、挥发酚、氰化物、As、Hg、Cr^{6+}、TH、Pb、氟化物、Cd、Fe、Mn、COD_{Mn}、硫酸盐、氯化物、大肠菌群、LAS、Cu、Zn、Se。

6.2.2.4 环境空气质量监测

（1）具备环境空气自动监测站的县域监测

1）监测因子

SO_2、NO_2、PM_{10}。

2）监测点位

选择空气自动监测站作为监测点位，记录日平均值。

3）监测频次和监测方法

以自动监测为主，执行《环境空气质量自动监测技术规范》（HJ/T 193—2005）。

4）分析方法

环境空气质量各污染物的分析方法参考《环境空气质量标准》（GB 3095—2012）表3中"各项污染物分析方法"执行。

（2）不具备环境空气自动监测站的县域监测

1）点位布设

在县域范围内，选取 1～2 个代表性村庄，布设 1 个监测点位开展环境空气质量监测。

2）监测频次

每年监测 4 次，每季度各监测 1 次，每次连续 7 d，每天连续监测，记录日平均值。

3）监测方法

以手工监测和自动监测相结合的方法，逐步发展为自动监测为主，执行《环境空气质量手工监测技术规范》（HJ/T 194—2005）、《环境空气气态污染物（SO_2、NO_2、O_3、CO）连续自动监测系统安装和验收技术规范》（HJ 193—2013）、《环境空气颗粒物（PM_{10} 和 $PM_{2.5}$）连续自动监测系统安装和验收技术规范》（HJ 655—2013）。

4）监测因子

SO_2、NO_2、PM_{10}。

6.2.2.5 土壤环境质量监测

（1）点位布设

在县域范围内，按照均匀布点原则，选择 3 个基本农田、3 个园地（果园、茶园、菜园等）和 1 个饮用水水源地周边布设监测点位；所选的监测点位要求在行政区域、作物种类、土壤质量上有明显不同。

另外，在农村工矿企业、养殖场等污染源周边设置 1～2 个监测点位。

（2）监测频次

每 3 年监测 1 次。在夏收或秋收后采样，避免在施用农药、化肥后立即采样。

（3）监测方法

监测方法包括样品采集、样品流转、样品制备、样品保存、分析测定等，执行《土壤环境监测技术规范》（HJ/T 166—2004）相关要求和《农田土壤环境质量监测技术规范》（NYT 395）相关要求。

（4）监测因子

土壤 pH、阳离子交换量、六六六和 DDT、Cd、Hg、As、Cu、Pb、Cr、Zn、Ni、有机质含量。

6.2.2.6 生态环境遥感监测

（1）监测区域

生态环境评估多为大尺度，需综合考虑被评价区域气候过程、水文过程、生物过程等生物地球化学循环过程，以确保生态系统的完整性。因此，本研究中以县域（含县级市）为监测单元，同时调查社会经济状况和生态状况影响因素，以服务于生态环境质量评估。

（2）监测频次

每年监测 1 次。

（3）监测指标

详见表 6-1。

（4）监测方法

以遥感监测为主要技术手段，收集整理评价区内的多源遥感数据，开展遥感影像解译，辅以资料调查和地面核查，获取数据值。

表 6-1　遥感监测指标体系

类别	指标名称	指标解释
空气环境	大气气溶胶浓度	反映空气中气溶胶含量。大气中的气溶胶一般由火山爆发、森林或草场火灾、工业废气等产生，在遥感图像上可直接确定污染物的位置和范围
水环境	水体透明度	反映水体浑浊程度。通过衡量水体小颗粒富集程度的度量来表征水体质量，反映在遥感图像上就是灰度值的不同
自然生态环境	植被覆盖度指数	反映地表的植被覆盖情况，是植物群落覆盖地表状况的一个综合量化指标，是反映区域生态环境的最好标志之一

6.2.3　居住环境监测技术

6.2.3.1　生活污水处理设施监管技术

（1）水质监测要求

1）未安装水质在线监测仪器的生活污水处理设施，定期开展进出水水质监测；已安装在线监测仪器的设施，可只监测其他未在线监测的项目。

2）监督监测频次可采用每季度监测 2 次或两个月监测 1 次，监测周期不得超过半年。

3）监测结果如实登记在册，发现异常及时上报。在线监测仪器应做好维护与保养，定期由具有资质的质量检验部门进行校验，校验记录如实登记在册。

（2）水量监测要求

1）未安装水量在线监测仪器的生活污水处理设施，定期进行进出水水量监测。

2）监测频率与水质监测同步进行。

3）监测结果如实登记在册。在线流量监测仪器应做好维护与保养。

（3）设备运转监管要求

1）定期巡查污水处理系统中水泵、风机、搅拌机、加药装置等设备的运行状态，做好巡检记录。

2）定期对污水处理系统的设备进行维护和保养，做好保养记录。

3）通过物联网进行监管的，应在监控各设备的运转状态和运行时的电流，并应有预警提示功能。

（4）污泥处理监管要求

1）以生化处理为主体的工艺及其他工艺的生化处理工段，定期巡查是否应按照设计要求进行排泥；

2）定期巡查污泥是否妥善进行最终处置。

（5）附属设施监管要求

1）污水处理及附属设施应满足日常运行及安全防护要求。

2）人工湿地种植的植物，在冬季应及时收割处理。

3）配电箱、风机房等用电防护设施应保持完好无损，检查井盖、护栏等安全防护设施应保持完好，如有损坏应及时维修，保证无漏电、漏水及安全隐患。

4）除管理人员日常巡检，公众也可以通过监督的方式及时发展问题，并通知运营单位。

（6）运行台账监管要求

1）以独立的污水处理设施为单位，建立包括水质监测、水量监测、设备运行维护、用电量、用药量、污泥产量等在内的运行台账。

2）台账资料应真实反映污水处理系统的运行情况。

（7）监管方式

1）政府部门：负责确定污水处理设施的运行维护单位，并定期检查运行台账资料；对污水处理设施的水质水量进行不定期监测。

2）村委会：安排保洁员定期巡查所在辖区内的污水处理设施，发现设施损坏等问题及时上报。

3）村民公众：开展公众监督，发现问题及时向村委会或运维单位反映。

6.2.3.2　生活垃圾收集处理设施监管技术

（1）收集设施监管要求

1）垃圾桶、垃圾池及垃圾房数量及使用功能应满足生活垃圾收集系统的正常运行。

2）垃圾桶集中放置处、垃圾池、垃圾房等应做防渗处理，防止生活垃圾中的渗滤液渗入地下或流入地表水体。

3）收集设施应具备防雨功能或配备防雨设施，减少生活垃圾的含水率。

4）生活垃圾应及时清运，避免出现垃圾池满外漏现象。

（2）转运设备运行状况监管要求

1）转运设备应采用密闭式设备，防止生活垃圾暴露和散落，防止垃圾渗滤液滴漏。

2）转运设备应定期维护保养，以满足日常运行需要。

3）转运设备应有既定的行驶路线，不得私自改线运行。

4）转运人员应及时填写转运记录，并将转运过程中发现的问题及时上报。

5）开展垃圾分类的地区，生活垃圾应分类转运，配套相应的转运计划和车辆，转运到合适的处理场所。

（3）堆肥设施监管要求

1）堆肥区场地应进行防渗处理，渗滤液应进行收集并妥善处理。

2）堆肥设备应按设计标准及运行方案运行并定期进行维护，以满足堆肥使用需求。

3）堆肥区应做好臭气收集处理，防止恶臭影响周边居民的日常生活。

4）渗滤液处理设施正常运行，出水应达到相应的排放标准。

5）臭气收集处理设施正常运行，无恶臭气体排放，处理后气体达到相应的排放标准。

6）进出堆肥场区的车辆应干净整洁，无抛洒现象。

7）村庄简易的生活垃圾堆肥设施应进行防渗处理，同时应有防雨设施。

（4）监管方式

1）政府部门：负责确定垃圾转运设施和堆肥设施的运行维护单位，并定期检查运行台账资料；在有条件的县或乡镇，可以通过给转运点、转运设备安装摄像头和 GPS 定位系统，实时监控转运设备的路线、有无抛洒等状况。

2）村委会：安排保洁员定期巡查所在辖区内的垃圾收集设施和堆肥设施，对照监管要求，如发现问题及时上报；开展村民教育，禁止垃圾乱抛乱撒。

3）村民公众：开展公众监督，发现问题及时向村委会或上级政府部门反映。

6.2.3.3 农村环境卫生监管技术

（1）村容村貌监管要求

1）村庄道路两侧、广场、河道沟渠应干净整洁，无垃圾乱堆乱放、无污水乱泼乱倒。

2）村庄住户应及时清扫房前屋后的区域。

3）农忙时期产生的农作物秸秆、柴草等应自行存储，运输及装卸过程中散落在街道的柴草应及时清理干净。

4）农户家禽、牲畜应实行圈养，严禁乱跑乱放，产生的粪便应及时清理并外运处理。

（2）居民行为监管要求

1）居民应将生活垃圾倒入垃圾桶或垃圾池内，禁止随意倾倒垃圾。

2）生活污水应通过下水道接入污水处理设施，无污水处理设施的地区应经化粪池处理后回收利用，禁止直接倾倒入地表水体。

3）居民应爱护公共的环卫设施，禁止恶意毁坏设施设备。

4）居民有权制止他人破坏环境卫生的行为。

5）开展垃圾分类的地区，居民应严格执行分类标准，对生活垃圾进行分类收集。

（3）村庄保洁员监管要求

1）村庄应建立卫生保洁队伍，配备保洁员，划分责任区域。

2）保洁员应严格履行岗位责任制，及时对责任区域进行清扫。

（4）监管方式

1）政府部门：不定期巡查各村庄环境卫生，检查结果定期公布。

2）村委会：成立保洁员队伍，并负责监督检查；开展村民教育、培养良好卫生习惯。

3）村民公众：开展公众监督，发现问题及时向村委会或上级政府部门反映。

6.2.3.4　农村河道（池塘）保洁监管技术

（1）水面保洁监管要求

1）水面无大量漂浮的枯枝杂草、成堆的生活垃圾及漂浮的塑料袋。

2）水面无漂浮的动物尸体。

（2）岸边保洁监管要求

1）岸边无垃圾堆、无丢弃的农药瓶（袋）。

2）沿河设施无乱贴乱画，功能完整。

3）河道两岸绿化范围内应保持整洁，无暴露垃圾、无占绿、毁绿现象。

4）岸边无私设的排污口。

（3）保洁员监管要求

1）保洁员应按照作业规范及时开展保洁工作。

2）保洁作业时应穿戴防护工具，保护自身安全，注意潮水、风向、天气变化情况。

3）保洁员应爱护保洁工具，正确使用相关工具设施并按时维护保养。

（4）监管方式

1）政府部门：不定期巡查各村庄河道（池塘）环境情况，必要时可开展水质环境监测，检查结果定期公布。

2）村委会：成立河道（池塘）保洁队伍、并负责监督检查；保洁员可采取观察水体色度、是否有异味和 pH 试纸检测等方法来进行水质判别，若发现异常及时上报村委会和上级有关部门。

3）村民公众：开展公众监督，发现问题及时向村委会或上级政府部门反映。

6.2.4　污染源监管技术

6.2.4.1　个体加工户污染监管技术（污水、噪声、废气、固废）

（1）废水处理监管要求

1）个体加工户应妥善处理加工过程产生的废水，禁止直接排放。

2）废水接入污水处理厂应达到相应的接管标准，排入环境的应经过废水处理设施处理后达到相应的排放标准。

3）废水处理设施应正常运行，无故不得停运，无偷排现象。

4）产生的剩余污泥应进行干化、脱水等处理，达到相应要求后进行最终处置。

（2）噪声处理监管要求

1）个体加工户在生产过程中产生的噪声应达标，防止扰民。

2）噪声设备及加工工序应进行降噪处理，降噪设施、设备应功能良好。

（3）废气处理监管要求

1）加工过程产生的烟雾、粉尘及烟尘等废气应达标排放，禁止超标排放。

2）个体加工户应做好废气收集处理工作，安装废气处理设施设备，并保证设施设备正常运行。

（4）固废处理监管要求

1）加工过程产生的固体废弃物应进行资源回收利用，不能回收利用的固废应进行妥善的处理，严禁随意堆放。

2）工业加工产生的固废严禁进入生活垃圾收集处理系统。

3）有毒有害的固废应按危险废物进行管理，存储、运输、处理应建立管理台账，并履行环保部门的管理程序。

4）固废暂存区应符合管理要求，地面应进行防渗和硬化处理。

（5）监管方式

1）政府部门：根据污染源情况不定期开展监督监测，对废水和废气处理设施进出水水质进行监测，重点监测其特征污染物排放情况。

2）村委会：通过人工巡查方式进行监管，监管项目包括有无异味产生、固废处置是否及时清运、噪声是否扰民等。

3）村民公众：开展公众监督，发现问题及时向村委会或上级政府部门反映。

6.2.4.2 畜禽养殖场（户）污染监管技术（污水、粪便、异味）

（1）废水处理监管要求

1）养殖户应改变落后的养殖方式，采用干清粪等清粪方式，减少养殖废水产量。养殖场地应进行雨污分流，减少雨水进入废水收集系统。

2）养殖废水应优先采用沼气发酵等资源处理工艺进行处理，废水经处理后进行回收利用，采用其他方式进行处理，应达标后才能排放。

3）没有能力建设废水处理设施的养殖户，应首先采用种养结合的方式就地消纳处理,其次可采用外运出售或委托处理的方式进行处理。

4)养殖户对废水处理设施、设备应定期维护,保证其正常运行。安装在线监测仪表的废水处理设施应建立数据管理台账和仪表校准维护台账。

(2)粪便处理监管要求

1)畜禽粪便应及时清理,严禁随意倾倒。

2)畜禽粪便应采用种养结合的方式进行综合利用,优先选用堆肥等资源化处理方式。

3)畜禽粪便暂时存放的场所应进行防渗处理,并有防雨设施。

4)畜禽粪便外运处理应采用密闭运输车辆,并设定合理的运行线路。

5)自行堆肥或采用其他方式处理,场地应进行防渗处理,同时应配套臭气处理设施。

(3)环境空气污染监管要求

1)畜禽养殖户应及时清理畜禽粪便,减少臭气的影响。

2)有条件的养殖户应配套臭气收集处理系统,并及时进行维护,保证其处理正常工作状态,臭气排放浓度达到相应标准。臭气收集系统应布设在养殖舍、粪便存储设施、粪便处理设施、废水处理设施等臭气产生的场所。

3)畜禽养殖户冬季取暖应采用煤炭等燃料,严禁焚烧废旧塑料、衣服等污染空气的燃料。

(4)监管方式

1)政府部门:未安装在线监测仪表的废水处理设施,要定期或不定期进行监督监测;安装在线监测仪表的废水处理设施,要不定期进行抽测,重点监测未进行在线监测的项目。将畜禽养殖粪便进行转移的,必须对转移过程进行监督,有条件的地区可以安装 GPS 监控运输车辆。

2)村委会:通过人工巡查的方式对畜禽养殖粪便处理和运输情况进行监管,监管项目包括是否异味扰民、污水是否直排偷排、粪便是否及时清运等。

3)村民公众:开展公众监督,发现问题及时向村委会或上级政府部门反映。

第7章　新农村人居环境监管技术配套制度

新农村人居环境监管工作需要技术规范的指导，更离不开配套制度的保驾护航。本章从考核依据、考核对象及范围、考核内容、考核程序、奖惩制度出发，制定了配套考核制度，并建立了公众参与制度。

7.1　配套考核制度

7.1.1　考核依据

（1）国家环境保护法律法规：《中华人民共和国环境保护法》等。

（2）原环保部有关农村环境保护规定：《关于开展农村环境综合整治目标责任制试点工作的通知》（环办〔2010〕34号）等。

（3）省市有关农村环境保护规定。

7.1.2　考核对象及范围

县级政府设立专门考核机构，考核对象为乡镇人民政府的主要领导，考核范围为辖区内的农村地区。

7.1.3　考核内容

考核内容由县级人民政府根据本地区农村环境保护工作的需要，参照《农村环境综合整治目标责任制考核评价指标》制定，包括环境质量、人居环境建设和环境管理三个方面，其中应更加注重人居环境建设和环境管理两方面的考核。

（1）环境质量

环境质量考核内容包括环境空气质量、水环境质量、饮用水水源地水质、声环境质量、绿化覆盖率等。

（2）人居环境建设

人居环境建设考核内容包括农村生活饮用水卫生合格率、生活污水处理率、生活垃级无害化处理率、畜禽养殖废弃物综合利用率、公众对环境满意率等。

（3）环境管理

环境管理的考核内容包括乡镇环境保护机构建设情况、农村环保专项资金占环保总投入比例、环保宣传教育普及程度等。

7.1.4　考核程序

（1）考核目标的制定与下达

每年年初，考核目标由县环保局根据县党委、政府年度环境保护工作的要求制定，并报分管政府领导审定或政府常务会议决定；考核目标由县政府下达，县长与乡镇长、街道办主任签订环境保护目标责任书后执行。

（2）考核方式

采用乡政府自查和县级考核相结合的方式，按照日常检查、季度评比与年终考核相结合的原则进行。每月 25 日前乡政府经自查后上报各项指标完成情况，县级考核机构在核实上报资料的基础上开展不定期现场抽查并进行考核评分，每季度公布 1 次评比结果，年度考核从同年 12 月初开始，于次年 1 月结束，分自查自考、考核组核查、综合评定三个步骤，并对考核结果进行通报。

7.1.5　奖惩制度

考核机构每季度对被考核乡镇进行排名，排名结果与乡镇专项补助资金、乡镇干部实绩考核挂钩。考核结果分优秀、完成目标、基本完成目标、未完成目标四个档次。

县政府对年度考核结果为优秀的乡镇政府给予表彰和奖励，并在当年专项补助资金中予以倾斜；未完成考核目标的，按照有关规定，年度考核给予"一票否决"，并通报批评，减少当年专项补助资金。

7.2　公众参与制度

我国的环境保护运动是自上而下展开的，"政府主导"是我国环境治理的主要特征。我国正处于社会转型期，市场体制并不完善，市场机制在环境保护领域发挥的作用有限。因此，"政府主导"有其存在的必然性与合理性。然而，在我国特定的现实背景下，随之而来的"政府主导"现象也十分严重，极大影响了环境治理的效果。因此，针对"政府主导"设计有效的应对之策，弥补政府管制的不足就成为必然选择。20 世纪 90 年代以来，公众参与作为应对"政府主导"的措施之一，已受到国际社会的普遍认同。

公众参与有助于增强环境监管的公信度。在有关监督机制不健全的情况下，公权力的行使如果没有公众参与，权力行使机关和行政者个人如欲腐败，在"暗箱操作"条件下，就很容易实现其目的。但是，在公众参与的条件下形成的行政决策监督机制，可以有效地形成对公权力的制约，防止腐败现象的发生，弥补政府中立有限的不足，并达到增强环境监管公信度的效果。

公众参与有助于增进环境监管的有效性。环境问题产生的一个重要原因，是那些大量的小规模环境行为共同作用和不断累积的结果，少数管理不善的大企业造成的环境问题所占的比重并不大。对大量的小型企业和分散的个人，采用行政管理的方法往往不能见效。如果真正要对这些小型的、大量的行为都予以行政控制，必将带来沉重的财政负担。因此，面对大量发生的、分散度较大的、面广的农村人居环境污染行为，加强公众参与环境监管，可以弥补政府实力有限的不足，并达到以尽可能小的成本实现最大效益的目的。

综上分析，在农村人居环境监管技术体系中，公众参与是十分重要的一种监管方式，可以有效弥补政府环境监管能力的不足。但当前农民参与环境监管的程度是很低的，需要设计相应的制度调动公众参与农村人居环境监管工作。

7.2.1 制定相应的法规制度，保障公众参与权利

通过制定相应的法规制度来保障公众参与权利，对公民参与的具体程序、公民意见的处理方式、处理结果的公开方式等内容制订详细的规则；鼓励村委会和基层农民成立环保合作组织参与协助农村人居环境监管，减轻基层监管人手不足的问题，对提供信息、协助监管的公民予以奖励。

7.2.2 加强环保宣传教育，提高农民环保意识

加强环保宣传教育、提高农民环保意识是促进公众参与农村环境监管的基础。通过环境教育，一方面使农民了解农村各类生产生活行为对环境的影响，便于农民规范自身和监督他人；另一方面提升农民的维权意识，调动其维护自身环境权益的积极性。

7.2.3 建立农村环境信息公开机制

通过建立农村环境信息公开机制，对政府环境信息公开内容和公开形式、公众申请信息的渠道作出明确规定，向村委会和农民提供当地农村的环境信息和环境政策。可以采用互联网、地方报纸等获取成本低、可及性高的媒介向公众公开环境状况、监测数据，以及相关政策、法规、许可、评估报告等信息，便于公众对政府进行监督和参与环境监管。

第 8 章　新农村人居环境质量综合评估及监管技术应用示范研究

为验证综合评估及监管技术的科学性和可操作性，积累的实践经验起到了示范作用，本研究选取了宜兴市、洪雅县、长沙县金井镇、银川市镇北堡镇作为示范研究区。本章介绍了新农村人居环境质量综合评估技术和监管技术应用示范结果，识别研究区人居环境存在的问题，验证监管技术规范的实施成效。

8.1　综合评估技术应用示范

8.1.1　宜兴市农村人居环境质量综合评估示范研究

8.1.1.1　数据来源

（1）统计数据：主要来源于《宜兴市统计年鉴（2014）》《江苏省统计年鉴（2014）》和 2013 年宜兴市环保、林业、农业部门统计数据。

（2）监测数据：2013 年宜兴市环境监测站丁蜀镇环境空气观测点于 1 月、5 月、8 月和 11 月连续 7 天的例行监测数据；宜兴市集中式饮用水水源地、6 个国控断面及 19 个省控断面的例行监测数据；2013 年宜兴市水环境例行监测数据，包括 6 个国控断面（每月 1 次）、19 个省控断面（每单月 1 次）和集中式地表水饮用水水源地（每月 1 次）监测数据；2013 年宜兴市环境监测站在周铁镇洋溪村基本农田、菜地、居民区土壤监测点位的监测数据；官林镇、湖㳇镇村民用井地下水水质补充监测数据。

（3）调查数据：于 2013 年 12 月在新庄街道、湖㳇镇（洑西村、东兴村、竹海村）、官林镇（义庄村）、周铁镇（徐渎村、中新村）、徐舍镇（东岳村）开展了公众满意度调查，有效回收问卷数为 200 份。

8.1.1.2 评估结果

基于前述新农村人居环境质量综合评估指标和评估方法,计算各分项指数与新农村环境质量指数(REQI)。从评估结果来看,宜兴农村环境质量较好,农村环境质量指数为 83.44,评估等级为良。

从各分项指数状况分析,环境空气质量指数为 100,例行监测数据中 SO_2 浓度范围 $0.007 \sim 0.074$ mg/m³,NO_2 浓度范围 $0.013 \sim 0.08$ mg/m³,PM_{10} 浓度范围 $0.026 \sim 0.051$ mg/m³,均达到《环境空气质量标准》(GB 3095—2012)日平均浓度二级标准。

水环境质量方面,横山水库、油车水库集中式饮用水水源地水质达标率为 100%,地表水水质 285 次例行监测中有 197 次监测未达标,地表水水质达标率仅为 30.9%,主要是高锰酸盐指数、NH_3-N 存在不同程度超标,未达到相应水环境功能区水质要求,最大超标倍数分别达 1.15 倍和 4.82 倍;地下水环境质量达标率为 50%,以《地下水质量标准》(GB/T 14848—93)Ⅲ类标准为评估依据,官林镇地下水硝酸盐指标超标,为 22.4 mg/L,综合计算水环境质量指数为 70.225。

土壤环境质量方面,土壤环境各监测因子均达到《土壤环境质量标准》(GB 15618—1995)相应标准要求,土壤环境质量指数为 100。

生态环境质量方面,宜兴林地、草地和耕地面积和为 8.25 万 hm²,占陆域面积的 60.42%,按照评估方法,植被覆盖率得分 100。宜兴存在水花生、一枝黄花外来有害入侵物种,但未造成生态危害,外来有害物种入侵危害程度判定为 60,生态环境质量指数达 88。

人居环境质量方面,生活垃圾处理、饮用水集中供给及畜禽养殖粪便综合利用度高,分别达到 100%、100% 和 96%,但使用清洁能源的居民户数及生活污水处理率仍较低,分别为 31.66% 和 28.26%,因此人居环境建设指数得分仅为 71.194。

公众满意度方面,按满意度由低到高排序,分别为:水环境(57)、空气质量(64)、生态环境(68)、饮用水质量(74)、畜禽污染控制(74)、土壤环境(74)、垃圾收运(76)、秸秆焚烧(78)。根据 8 个单项得分,综合计算宜兴农村地区公众满意度为 70.625。

农村人居环境质量指数计算结果见表 8-1。

表 8-1 宜兴市农村人居环境质量评估结果

地区	环境空气质量指数	水环境质量指数	土壤环境质量指数	生态环境质量指数	人居环境建设指数	公众满意度	农村人居环境质量指数	评估等级
宜兴	100	70.225	100	88	71.194	70.625	83.44	良

从评估结果来看，宜兴农村环境质量较好，评估等级为良，评估结果与现实情况基本吻合。

8.1.1.3　评估结果分析

宜兴市新农村人居环境质量综合评估结果为良，具体来看，水环境质量指数、人居环境建设指数与公众满意度得分相对较低，分别为 70.225、71.194 和 70.625。其中，地表水环境质量影响了水环境质量指数得分，主要超标因子为高锰酸盐指数及 NH_3-N，表现为地表水存在有机污染，这与时文静 2008 年在《江苏省农村地表水功能区水环境高锰酸盐指数评价与空间分析》一文中的研究结论一致，即苏南地区中无锡市、常州市是高锰酸盐污染指数较高的区域，也反映了 2012 年中国环境状况公报中指出的农村地表水受到不同程度污染问题。

宜兴市农村地区清洁能源使用率偏低，实地调研发现宜兴部分农户仍使用传统秸秆、柴薪和煤球解决能源问题，天然气、沼气、秸秆产气等生物质能高效利用偏低。农村生活污水处理率偏低，实地调研结合宜兴市环境监察专项调查，新庄街道村庄生活污水处理设施运行较好，但也有部分村庄的设施长期无人管理，处于停运、闲置状态，未发挥应有作用。

公众满意度调查发现，公众环境治理工作比对环境要素质量更为认可，当前的农村环境整治得到较高支持，对饮用水质量、畜禽污染控制、垃圾收运及秸秆焚烧有较高满意度。环境要素中公众对水环境质量现状最不满意，该单项平均得分仅 57，是所有满意度因子中唯一低于 60 的，这也与水环境质量指数得分较低相佐证，说明太湖流域水环境治理压力依然较大。

8.1.2　长沙县金井镇农村人居环境质量综合评估示范研究

本项目选取长沙县金井镇作为中部地区县域农村人居环境综合评估的示范研究区。

8.1.2.1　评估结果

环境空气质量指数，引用长沙县星沙自动监测站空气质量周报统计数据进行评估，结果显示 SO_2、NO_2、PM_{10} 均未出现超标，环境空气质量指数为 100。

水环境质量指数，在金井镇范围内设置 15 个地表水监测点，其中，河流 9 个，水库坑塘 5 个，污水处理厂出口 1 个，监测了水温、pH、溶解氧、高锰酸盐指数、COD、BOD_5、NH_3-N、TP、TN、Cu、Zn、Se、As、Hg、Cd、Cr^{6+}、Pb、氰化物、挥发酚、石油类、LAS、硫化物、粪大肠菌群（个/L）等 24 项指标。其中，饮用水环境质量，地点为金井镇集中式饮用水水源地为金井水库，金井水库两个采样点水质监测结果显示，大部分指标优于地表水环境质量III类标准，但 NH_3-N 和 BOD_5 略有超标。地表水环境质量，监测结果分析，金井镇主要河道各指标优于地表水环境质量IV类水标准，未出现超标现象。地下水环境质量，根据长沙市环境质量公报，长沙全市共监测地下水省控井位 9 口，出现超标的项目为 pH（偏酸性）、Mn、NH_3-N、Fe，省控井位丰水期和枯水期符合III类水质标准的比例分别为 55.6%、33.3%，全年平均达标率为 44.45%。根据以上单项评价结果计算水环境质量指数为 36.1。

土壤环境质量指数，本研究采用在 2013 年 12 月对长沙县金井镇进行的农村土壤环境监测数据，9 个采样点包括 3 个大田土壤、1 个菜地、2 个园林用地、1 个工业用地、1 个养殖场，分析结果显示均达到土壤环境质量标准的三级标准，由此计算出长沙县农村土壤环境质量达标频次为 100%。

生态环境质量指数，根据长沙县金井镇 2012 年土地利用变更数据，长沙县金井镇内林地、耕地和草地面积占全镇陆域总面积约 81%。另外，根据长沙县农业部门以及长沙市信息资料，目前该地区外来入侵物种有福寿螺、巴西龟、麒麟草等。其中福寿螺已对该地区水稻等农作物造成威胁。由此计算可知，生态环境质量指数为 70。

人居环境建设指数，根据现场调查和公众问卷调查的方法进行统计，长沙县金井镇农村生活垃圾无害化处理率在 50% 左右，农村生活污水处理率在 70% 左右，农村养殖场禽畜粪尿资源化、无害化利用程度处在中等水平 54%，农村使用沼气等清洁能源的户数占总调查数的 44%。由此得到评价区域农村人居环境建设指数=20×50%+20×70%+20×90%+20×54% +20×44%=61.6。

公众满意度，研究调查发放了 300 份调查问卷，回收 277 份，对长沙县金井镇的水环境质量、畜禽养殖污染防治工作等满意程度进行调查，得到该评价区域环境质量的公众满意度为 74.7。

长沙县金井镇新农村人居环境质量综合指数计算结果见表 8-2。

表 8-2 长沙县金井镇农村人居环境质量综合评估结果

地区	环境空气质量指数	水环境质量指数	土壤环境质量指数	生态环境质量指数	人居环境建设指数	公众满意度	人居环境质量综合指数	评估等级
长沙县金井镇	100	36.1	100	70	61.6	74.7	69.96	中等

8.1.2.2 评估结果分析

长沙县金井镇农村人居环境质量评估结果为中等，与问卷调查中多数人认为长沙县金井镇农村人居环境质量较好的主观感受有一定差距，究其原因是水环境质量指数偏低，其中能主观直接感知的地表水环境质量均能够达标，超标的主要是水质要求较高的饮用水水源和不易直接感知的地下水。

生态环境质量指数偏低，是因为长沙县外来入侵物种对该地区农作物造成了危害；人居环境建设指数中农村地区清洁能源使用率偏低，实地调研发现大部分农户仍使用传统秸秆、柴薪和煤球解决能源问题，天然气、沼气、秸秆产气等生物质能高效利用偏低。

公众满意度调查发现，公众对环境治理工作比对环境要素质量更为认可，当前的农村环境整治得到较高支持，对饮用水质量、畜禽污染控制、垃圾收运及秸秆焚烧有较高满意度。

8.1.3　洪雅县农村人居环境质量综合评估示范研究

本研究选取四川省洪雅县作为西部地区县域农村人居环境综合评估的示范研究区。

8.1.3.1　评估结果计算

环境空气质量指数，对洪雅县 2013 年 4 个空气监测站 4 个季度的 SO_2、NO_2、PM_{10} 质量的全年日均值数据进行评估，结果显示洪雅县各个监测站各季度环境空气质量均达到《环境空气质量标准》（GB 3095—2012）二级标准。根据环境空气质量指数的计算方法，洪雅县农村环境空气质量指数为 100。

水环境质量指数，针对饮用水环境质量，本研究收集了洪雅县 2010—2013 年饮用水水源地的水质数据并进行评估，结果显示历年达标率均为 100%。针对地表水环境质量，本研究收集了洪雅县 2013 年 12 个地表水监测断面的质量数据，监测数据显示，洪雅县各监测断面地表水环境质量均达到《地表水环境质量标准》（GB 3838—2002）相关功能区质量标准。地下水环境质量，洪雅县目前还没有开展农村地下水例行监测，本研究收集了当地多个建设项目地下水环境监测数据，结果表明洪雅县地下水环境质量较好，可满足《地下水环境质量标准》（GB/T 14848—93）Ⅲ类标准。根据水环境质量指数的计算方法，洪雅县农村水环境质量指数为 100。

土壤环境质量指数，本研究收集了覆盖洪雅县 10 个乡镇含饮用水水源地、农田、蔬菜地、茶园、工矿在内的 12 个土壤监测点的质量数据，结果显示洪雅县各监测点土壤环境质量总体较好，基本达到《土壤环境质量标准》（GB 15618—1995）二级标准，其中，有 4 个监测点的 Cu、Cr、Ni 3 项指标超过二级标准，但远低于三级标准。根据土壤环境质量指数的计算方法，洪雅县农村土壤环境质量指数为 75。

生态环境质量指数，本次调查获得了洪雅县土地利用数据，同时，对外来有害物种入侵进行了调查，结果显示该县有外来有害物种的入侵，但未造成生态危害。根据生态环境质量指数的计算方法，洪雅县农村生态环境质量指数为88。

人居环境建设指数，通过调查获得了洪雅县农村人居环境建设统计数据，现根据人居环境质量指数的计算方法得出农村人居环境质量指数为66.9。

公众满意度，对当地农民、村干部以及相关环境管理人员发放了200份调查问卷，回收186份，得到该评价区域环境质量的公众满意度为72.32。

洪雅县农村人居环境质量综合指数计算结果见表8-3。

表8-3　洪雅县农村人居环境质量综合评估结果

地区	环境空气质量指数	水环境质量指数	土壤环境质量指数	生态环境质量指数	人居环境建设指数	公众满意度	人居环境质量综合指数	评估等级
洪雅县	100	100	75	88	66.9	72.3	87.1	良好

8.1.3.2　评估结果分析

洪雅县农村人居环境质量评估结果为良好，在参与评估的4个示范区得分最高，这与洪雅县优良的自然环境是相符的，各类单项指数中人居环境建设指数较低，表明洪雅县农村基础设施仍有待加强，随着农村环境连片整治工作的开展，洪雅县农村人居环境质量综合指数可以达到优的等级。

8.1.4　银川西夏区镇北堡镇农村人居环境质量综合评估示范研究

8.1.4.1　评估结果

选取银川西夏区镇北堡镇作为西部地区镇域农村人居环境综合评估的示范研究区。

环境空气质量指数，镇北堡镇尚未开展农村大气例行监测，所以在当地开展了现场监测，分别选择2013年12月17日至25日、2014年8月7日至13日的监测结果进行分析，镇北堡镇的SO_2、NO_2指标均能满足二级标准要求，但冬季颗粒物超标明显，因此镇北堡镇环境空气质量指数为50。

水环境质量指数，针对饮用水环境质量，镇北堡镇饮用水均取自地下水，根据镇北堡镇水厂水质监测结果，饮用水取水井水质达到地下水质量Ⅱ类标准，未出现超标情况。地表水环境质量，由于处于西北干旱地区且靠近贺兰山，镇北堡镇域范围内基本无地表水体。地下水环境质量，根据镇北堡镇地下饮用水井监测结果，镇北堡镇地下水质量较好。根据以上单项评价结果计算水环境质量指数为100。

　　土壤环境质量指数，于 2013 年 12 月在镇北堡镇选取 4 个土壤采样点进行监测，结果表明，有 3 个采样点能够达到土壤环境质量二级标准，计算得出土壤环境质量指数为 75。

　　生态环境质量指数，根据银川市西夏区 2015 年土地利用现状，镇北堡镇 2015 年陆域总面积约为 6 533 hm^2 亩，县内林地、耕地和草地面积共 4 233 hm^2，约占全镇陆域总面积的 65%。根据银川市西夏区农业部门资料，该地区存在少量外来入侵物种，但未造成较大危害，外来有害物种入侵得分 60 分，镇北堡镇生态环境质量指数为 88（0.7×100+0.3×60）。

　　人居环境建设指数，2015 年镇北堡镇生活垃圾无害化处理率只有 50%，污水处理率达到 70%，饮用水集中供水率达到 99.9%，农村养殖场禽畜粪便综合利用率在 50%左右，镇北堡农村没有使用清洁能源，仍然使用秸秆、散煤作为燃料。由此得到评价区域人居环境建设指数为 53.98（20×50%+20×70%+20×99.9%+20×50% +20×0%）。

　　公众满意度，本次评价调查时派发了 110 份调查问卷，回收 96 份，得到该镇区域环境质量的公众满意度为 90.3。

　　镇北堡镇农村人居环境质量综合指数计算结果见表 8-4。

表 8-4　镇北堡镇农村人居环境质量综合评估结果

地区	环境空气质量指数	水环境质量指数	土壤环境质量指数	生态环境质量指数	人居环境建设指数	公众满意度	人居环境质量综合指数	评估等级
镇北堡镇	50	100	75	88	53.98	90.3	79.3	良好

8.1.4.2　评估结果分析

　　镇北堡镇农村人居环境质量评估结果为良好，与问卷调查中多数人认为当地农村人居环境质量较好的主观感受是相符的，随着农村环境连片整治工作的开展，镇域的生活垃圾和生活污水处理率有了较大提升，人居环境建设指数较低主要是养殖场禽畜粪尿综合利用程度和清洁能源使用率较低造成的。

8.2　监管技术应用示范

8.2.1　宜兴市湖㳇镇农村人居环境监管技术应用示范

　　本研究在宜兴市选择了湖㳇镇作为监管技术示范点，根据湖㳇镇农村人居环境监管需求，从生活污水处理设施、生活垃圾收集处理设施、环境卫生和水体保洁和个体加工环境污染 4 个方面制定了《湖㳇镇农村人居环境监管技术规范》，具体监管内容如表 8-5 所示。

表 8-5　宜兴市湖㳇镇农村人居环境监管技术规范

监管类别	监管项目	监管要求	监管方法
1. 生活污水处理设施	1.1 水质水量监测	• 定期监测水质、水量，发现异常及时上报 • 监测结果如实登记在册	• 主管部门委托宜兴市环境监测站或有资质的社会监测单位开展监测 • 具备条件的，可安装在线监测仪器
	1.2 设备运转情况	• 定期巡查污水处理系统中水泵、风机、搅拌机、加药装置等设备的运行状态 • 定期对设备进行维护和保养 • 做好巡检和保养记录	• 运营单位定期巡查 • 具备条件的，可采用物联网在线监管，实时监控设备运行 • 政府主管部门抽查 • 公众监督
	1.3 污泥处理	• 定期检查是否按照要求进行排泥 • 定期巡查污泥是否妥善进行最终处置	• 运营单位定期巡查 • 政府主管部门抽查
	1.4 主要附属设施	• 污水处理及附属设施应满足日常运行及安全防护要求	• 运营单位定期巡查 • 政府主管部门抽查 • 公众监督
	1.5 台账资料	• 台账资料真实完整	• 运营单位定期巡查 • 政府主管部门抽查
2. 生活垃圾收集处理设施	2.1 收集设施	• 数量及使用功能正常 • 地面应做防渗处理 • 应具备防雨功能或配备防雨设施	• 运营单位定期巡查 • 主管部门不定期抽查，并进行考核 • 公众监督
	2.2 清运设备	• 应采用密闭式设备 • 定期维护保养，以满足日常运行需要 • 应有既定的行驶路线，不得私自改线运行 • 转运人员应及时填写转运记录	• 运营单位定期检查 • 具备条件给清运车辆安装摄像头、GPS 定位系统，实时监控清运设备 • 主管部门定期检查、不定期抽查，并进行考核 • 公众监督，发现问题随时向主管部门进行反馈
3. 环境卫生及水体保洁	3.1 村容村貌	• 村庄道路两侧、广场、河道沟渠应干净整洁，无垃圾乱堆乱放、无污水乱泼乱倒 • 村庄住户应及时清扫房前屋后的区域 • 农忙时期产生的农作物秸秆、柴草等应自行存储，运输及装卸过程中散落在街道的柴草应及时清理干净	• 村委会定期巡查 • 公众监督，发现问题及时向村委会反映 • 上级主管部门不定期抽查，并进行考核

监管类别	监管项目	监管要求	监管方法
	3.2 水体保洁	• 水面无大量漂浮的枯枝杂草、成堆的生活垃圾及漂浮的塑料袋 • 水面无漂浮的动物尸体	• 村委会定期巡查 • 公众监督，发现问题及时向村委会反映 • 上级主管部门不定期抽查，并进行考核
	3.3 居民行为	• 居民应将生活垃圾倒入垃圾桶或垃圾池内 • 生活污水应通过下水道接入污水处理设施，无污水处理设施的地区应经化粪池处理后回收利用，禁止直接倾倒入地表水体 • 爱护公共的环卫设施，禁止恶意毁坏 • 居民有权制止他人破坏环境卫生的行为	• 村委会定期巡查 • 村民互相监督
	3.4 保洁员情况	• 应按照作业规范及时开展保洁工作 • 应穿戴防护工具，保护自身安全 • 应爱护保洁工具，正确使用相关工具设施	• 村委会考核 • 村民监督
4. 个体加工环境污染	4.1 废水处理	• 个体加工户应妥善处理加工过程产生的废水，禁止直接排放 • 废水处理设施应正常运行，无故不得停运，无偷排现象	• 不定期开展监督监测，对废水处理设施进出水水质进行监测，重点监测特征污染物排放情况，监测频次一年不少于一次 • 公众监督
	4.2 噪声处理	• 生产过程中产生的噪声应达标排放，禁止超标排放 • 对于噪声设备及加工工序应进行降噪处理，降噪设施、设备应功能良好	• 公众监督 • 必要时进行现场督察
	4.3 废气处理	• 加工过程产生的烟雾、粉尘及烟尘等废气应达标排放，禁止超标排放 • 应做好废气收集处理工作，安装废气处理设施设备，并保证设施设备正常运行	• 不定期开展监督监测，对废气排放情况进行监管 • 通过人工巡查、公众监督对废气超标排放情况进行辅助监管
	4.4 固体废弃物	• 加工过程产生的固体废弃物应进行资源回收利用，不能回收利用的固废应进行妥善的处理，严禁随意堆放 • 工业加工产生的固废严禁进入生活垃圾收集处理系统 • 有毒有害的固废应按危险废物进行管理 • 固废暂存区应符合管理要求，地面应进行防渗和硬化处理	• 人工巡查、公众监督的方式对固体废弃物存储、运输、处理情况进行监管

上述监管技术规范的实施后的成效如下：

湖汶镇的分散式生活污水处理设施能够保持正常运转，基本杜绝了农村生活污水直排（或经化粪池简单处理）的现象，有效保障了湖汶镇内的油车水库（阳羡湖）水质。

湖汶镇已经实行了"组保洁、村收集、镇转运、市处理"的生活垃圾统一处理模式，存在的问题是，保洁员的收集和垃圾车的转运不够及时导致垃圾收集有遗漏，通过监管技术的实施，目前做到了保洁员职责到位、垃圾车及时清运。

农村环境卫生情况良好，道路、河道保洁有专人负责，村民对宅前屋后实行了门前三包责任制度，村容村貌保持整洁。

8.2.2　长沙县金井镇农村人居环境监管技术应用示范

在长沙县选取金井镇作为监管技术示范点，根据金井镇农村人居环境监管需求，制定了《金井镇农村人居环境监管技术规范》。主要从农村生活污水处理设施、生活垃圾收集处理设施、环境卫生及水体保洁和畜禽养殖污染等方面进行监管，具体监管内容如表8-6所示：

表 8-6　长沙县金井镇农村人居环境监管技术规范

监管类别	监管项目	监管要求	监管方法
1. 生活污水处理设施	1.1 水质水量监测	• 定期监测水质、水量，发现异常及时上报 • 监测结果如实登记在册	• 主管部门委托当地环境监测站或有资质的社会监测单位开展监测 • 具备条件的，可安装在线监测仪器
	1.2 设备运转情况	• 定期巡查污水处理系统中水泵、风机、搅拌机、加药装置等设备的运行状态 • 定期对设备进行维护和保养 • 做好巡检和保养记录	• 运营单位定期巡查 • 具备条件的，可采用物联网在线监管，实时监控设备运行 • 政府主管部门抽查 • 公众监督
	1.3 污泥处理	• 定期检查是否按照要求进行排泥 • 定期巡查污泥是否妥善进行最终处置	• 运营单位定期巡查 • 政府主管部门抽查
	1.4 主要附属设施	• 污水处理及附属设施应满足日常运行及安全防护要求	• 运营单位定期巡查 • 政府主管部门抽查 • 公众监督
	1.5 台账资料	• 台账资料真实完整	• 运营单位定期巡查 • 政府主管部门抽查

监管类别	监管项目	监管要求	监管方法
2. 生活垃圾收集处理设施	2.1 收集设施	• 数量及使用功能正常 • 地面应做防渗处理 • 应具备防雨功能或配备防雨设施	• 运营单位定期巡查 • 主管部门不定期抽查，并进行考核 • 公众监督
	2.2 清运设备	• 应采用密闭式设备 • 定期维护保养，以满足日常运行需要 • 应有既定行驶路线，不得私自改线运行 • 转运人员应及时填写转运记录	• 运营单位定期检查 • 主管部门定期检查、不定期抽查，并进行考核 • 公众监督，发现问题随时向主管部门进行反馈
3.环境卫生及水体保洁	3.1 村容村貌	• 村庄道路两侧、广场、河道沟渠应干净整洁，无垃圾乱堆乱放、无污水乱泼乱倒 • 村庄住户应及时清扫房前屋后的区域 • 农忙时期产生的农作物秸秆、柴草等应自行存储，运输及装卸过程中散落在街道的柴草应及时清理干净	• 村委会定期巡查 • 公众监督，发现问题及时向村委会反映 • 上级主管部门不定期抽查，并进行考核
	3.2 水体保洁	• 水面无大量漂浮的枯枝杂草、成堆的生活垃圾及漂浮的塑料袋 • 水面无漂浮的动物尸体	• 村委会定期巡查 • 公众监督，发现问题及时向村委会反映 • 上级主管部门不定期抽查，并进行考核
	3.3 居民行为	• 居民应将生活垃圾倒入垃圾桶或垃圾池内 • 生活污水应通过下水道接入污水处理设施，无污水处理设施的地区应经化粪池处理后回收利用，禁止直接倒入地表水体 • 爱护公共的环卫设施，禁止恶意毁坏 • 居民有权制止他人破坏环境卫生的行为	• 村委会定期巡查 • 村民互相监督
	3.4 保洁员情况	• 应按照作业规范及时开展保洁工作 • 应穿戴防护工具，保护自身安全 • 应爱护保洁工具，正确使用相关工具设施	• 村委会考核 • 村民监督

监管类别	监管项目	监管要求	监管方法
4. 畜禽养殖污染	4.1 废水处理	• 养殖场地应进行雨污分流，禁止养殖废水外排 • 养殖户应首先采用种养结合的方式就地消纳处理，其次可采用外运出售或委托处理的方式进行处理 • 养殖户自行处理的，应采用沼气发酵等资源处理工艺进行处理后达标排放	• 主管部门要定期或不定期进行监督监测 • 村委会定期巡查 • 公众监督，发现问题及时向村委会反映
	4.2 粪便处理	• 畜禽粪便应及时清理，严禁随意倾倒 • 畜禽粪便应采用种养结合的方式进行综合利用 • 畜禽粪便暂时存放的场所应进行防渗处理，并有防雨设施 • 畜禽粪便外运处理应采用密闭运输车辆，并设定合理的运行线路	• 主管部门定期或不定期进行抽查，具备条件的可在运输车辆上安装 GPS 等进行监控 • 村委会定期巡查 • 公众监督，发现问题及时向村委会反映
	4.3 空气污染	• 畜禽养殖户应及时清理畜禽粪便，减少臭气的影响 • 畜禽养殖户冬季取暖应采用煤炭等燃料，严禁焚烧废旧塑料、衣服等污染空气的燃料	• 村委会定期巡查 • 公众监督，发现问题及时向村委会反映

上述监管技术规范实施后的成效如下：

金井镇的分散式生活污水处理采用的是人工湿地系统，并且投入使用 3 年左右，根据监管结果看，都能够保持正常运转。

畜禽养殖是金井镇的主要产业之一，是当地环境监管的重点，根据监管结果，目前规模养殖企业和散养农户都建设了沼气池，运转正常，养殖废水能够得到有效处理。

金井镇农村环境卫生情况良好，道路、河道保洁有专人负责，村民成立了义务监督员队伍，村民对宅前屋后实行了门前三包责任制度，村容村貌保持整洁。

8.2.3 西夏区镇北堡镇农村人居环境监管技术应用示范

根据当地农村人居环境监管需求，主要从农村生活污水、生活垃圾、农村环境卫生等方面制定了《镇北堡镇农村人居环境监管技术规范》，具体内容见表 8-7。

表 8-7　镇北堡镇农村人居环境监管技术规范

监管类别	监管项目	监管要求	监管方法
1. 生活污水处理设施	1.1 水质水量监测	• 定期监测水质、水量,发现异常及时上报 • 监测结果如实登记在册	• 主管部门委托当地环境监测站或有资质的社会监测单位开展监测 • 具备条件的,可安装在线监测仪器
	1.2 设备运转情况	• 定期巡查污水处理系统中水泵、风机、搅拌机、加药装置等设备的运行状态 • 定期对设备进行维护和保养 • 做好巡检和保养记录	• 运营单位定期巡查 • 具备条件的,可采用物联网在线监管,实时监控设备运行 • 政府主管部门抽查 • 公众监督
	1.3 污泥处理	• 定期检查是否按照要求进行排泥 • 定期巡查污泥是否妥善进行最终处置	• 运营单位定期巡查 • 政府主管部门抽查
	1.4 主要附属设施	• 污水处理及附属设施应满足日常运行及安全防护要求	• 运营单位定期巡查 • 政府主管部门抽查 • 公众监督
	1.5 台账资料	• 台账资料真实完整	• 运营单位定期巡查 • 政府主管部门抽查
2.生活垃圾收集处理设施	2.1 收集设施	• 数量及使用功能正常 • 地面应做防渗处理 • 应具备防雨功能或配备防雨设施	• 运营单位定期巡查 • 主管部门不定期抽查,并进行考核 • 公众监督
	2.2 清运设备	• 应采用密闭式设备 • 定期维护保养,以满足日常运行需要 • 应有既定行驶路线,不得私自改线运行 • 转运人员应及时填写转运记录	• 运营单位定期检查 • 主管部门定期检查、不定期抽查,并进行考核 • 公众监督,发现问题随时向主管部门进行反馈
3.环境卫生	3.1 村容村貌	• 村庄道路两侧、广场、河道沟渠应干净整洁,无垃圾乱堆乱放 • 村庄住户应及时清扫房前屋后的区域 • 农忙时期产生的农作物秸秆、柴草等应自行存储,运输及装卸过程中散落在街道的柴草应及时清理干净	• 村委会定期巡查 • 公众监督,发现问题及时向村委会反映 • 上级主管部门不定期抽查,并进行考核
	3.2 居民行为	• 居民应将生活垃圾倒入垃圾桶或垃圾池内 • 生活污水应通过下水道接入污水处理设施,无污水处理设施的地区应经化粪池处理后回收利用,禁止直接倾倒入地表水体 • 爱护公共的环卫设施,禁止恶意毁坏 • 居民有权制止他人破坏环境卫生的行为	• 村委会定期巡查 • 村民互相监督
	3.3 保洁员情况	• 应按照作业规范及时开展保洁工作 • 应穿戴防护工具,保护自身安全 • 应爱护保洁工具,正确使用相关工具设施	• 村委会考核 • 村民监督

上述监管技术规范的实施后的成效如下：

镇北堡镇的人居环境问题主要表现在生活垃圾收集和转运不及时、村庄保洁员队伍不健全等，从监管技术实施后的情况来看，一方面，通过村委会组织村民开展环境卫生整治，培养村民良好卫生习惯；另一方面，加强保洁员队伍建设，及时清运生活垃圾，村容村貌有了较大改观。

第 9 章　结论与建议

9.1　结论

9.1.1　新农村人居环境质量综合评估

随着近年来党中央、国务院的高度重视，新农村环境保护工作取得了较大进展。但由于新农村基础设施建设明显落后于经济和城镇化发展水平，与新农村社会经济迅速发展的势头相比，新农村人居生态环境质量并没有随着经济物质水平的提高而显著改善，环境管理基础薄弱，新农村人居环境形势仍然十分严峻。同时，对于地域广阔的新农村地区，不同区域新农村环境差异性较大，并且新农村污染具有排放主体分散、隐蔽，排污随机、不确定、不易监测等特征，使现有的环境质量监测和评价方法不能适用于农村，再加上现阶段大多数新农村的环境监管处于空白状态，最终导致新农村人居环境质量无法得到科学有效的评估，无法为政府部门的环保决策、科学研究和生态预警提供第一手的基础数据。

因此，为实现新农村人居环境质量的日常监管和新农村人居环境建设工作的成效评估，需要从管理的角度研究并形成一套功能完善、科学合理、操作简便的综合评估指标体系和技术方法。通过指标体系中各项指标值的客观评价，可以对当地农村人居环境的薄弱环节及存在的问题，明确工作的重点、难点，为政府部门的决策提供量化依据；同时，根据指标体系对新农村人居环境建设的各项工作进行动态跟踪与评估，科学度量人居环境建设的进展程度，有利于人居环境建设项目的科学管理，便于有针对性地开展下一步工作，推动新农村人居环境建设的健康发展。

农村地区开展人居环境质量评估，必须在科学性和可操作性之间找到平衡点。一方面，新农村人居环境质量综合评估必须体现综合性，真实地系统反映自然环境、与农业相关环境及人居环境等状况，同时重视农村居民对环境的主观感知；另一方面，现阶段我国农村环境监测标准化建设基础差，环境监管能力薄弱，评估方法必须简单易行，才便于环境管理工作中有效利用评估方法监管区域人居环境状况及变化。

本研究在调研不同地区新农村人居环境现状的基础上，结合农村居民生活环境需求和建设、监管要求，参照《国家生态文明建设示范村镇指标（试行）》《国家级生态县建设指标（修订稿）》《国家级生态村创建标准（试行）》等现行考核体系，构建了新农村人居环境质量评价指标体系，依据评估指标体系，给出了新农村人居环境质量指数计算方法和分级标准，并在江苏省宜兴市、湖南省长沙县、四川省洪雅县及宁夏回族自治区银川市西夏区镇北堡镇开展了实地验证性评估，结果显示，评估方法与实际状况较为一致。

9.1.2　新农村人居环境监管技术

我国农村环境监管体系尚未建立，目前沿用的是针对城市环境和工业污染防治而建立的环境监管体系，是一种"自上而下"的政府主导型的监管模式，但我国特有的城乡二元结构和农村环境污染的特殊性导致了这种监管模式很难适应目前我国农村人居环境监管的现状。

本研究在调研不同类型农村地区环境监管现状和需求的基础上，总结了当前农村环境监管存在的问题，包括环境监管职责不清、基层环保力量薄弱、复杂的农村环境状况导致现有环境监管手段执行成本较高等。

针对上述问题，本研究提出了新农村人居环境监管技术体系设计应采取政府主导、村委会发挥主体作用、村民参与的社会管理模式，在立足农村环境管理现状体系可操作性的基础上，识别新农村人居环境监管的关键点和重点领域，从生态环境监管、居住环境监管及污染源监管三个方面构建了新农村人居环境监管技术体系。

本研究设计的生态环境监管技术主要包括：生态环境监测技术；居住环境监管技术主要包括生活污水、生活垃圾处理设施监管技术，农村环境卫生监管技术及农村水体（池塘）保洁监管技术；污染源监管技术主要包括个体加工户、畜禽养殖场（户）污染监管技术。

同时，本研究对农村人居环境监管技术所需的配套制度也进行了相应设计，提出了全面农村环境监管制度、乡镇环境责任考核制度、公众参与制度和重点区域监管机制。

9.2　建议

（1）鉴于农村环境监管能力薄弱，农村人居环境质量综合评估处于空白的现状，本研究提出的新农村人居环境质量综合评估方法强调简单实用、具备可操作性。随着农村环境监测能力和管理需求不断提高，评估的指标体系和方法可进一步完善。

（2）新农村人居环境监管是一项复杂的系统工程，需要从法律法规、监管体制机制和监管技术手段等方面入手。本研究从监管技术角度进行了探索研究，但更重要的是完善相关法律法规，构建相应的体制机制，这样才能保证监管技术的实施。

参考文献

[1] 环境保护部环境与经济政策研究中心. 农村环境保护与生态文明建设[M]. 北京：中国环境出版社，2017.

[2] 魏佳容. 我国农村环境保护的困境与化解之道[M]. 武汉：湖北科学技术出版社，2012.

[3] 黄季焜，刘莹. 农村环境污染情况及影响因素分析——来自全国百村的实证分析[J]. 管理学报，2010，7（11）：1725.

[4] 中共中央关于全面深化改革若干重大问题的决定. [EB/OL]. 2013-11-15.http://www.scio.gov.cn/zxbd/nd/2013/document/1374228/1374228. Htm.

[5] 习近平. 决胜全面建成小康社会夺取新时代中国特色社会主义伟大胜利——在中国共产党第十九次全国代表大会上的报告. [EB/OL]. 2017-10-27.http://www.xinhuanet.com/2017-10/27/c_1121867529.htm.

[6] 中共中央、国务院关于实施乡村振兴战略的意见. [EB/OL]. 2018-02-04. http://www.gov.cn/zhengce/2018-02/04/content_5263807.htm.

[7] 农村人居环境整治三年行动方案. [EB/OL].2018-02-05. http://www. gov.cn/zhengce/2018-02/05/content_5264056.htm.

[8] 孙慧波，赵霞. 中国农村人居环境质量评价及差异化治理策略[J]. 西安交通大学学报（社会科学版），2019，39（5）：105-113.

[9] 王贵宸. 中国农村经济学[M]. 北京：中国人民大学出版社，1988.

[10] 李佐军，刘英奎，杨晓东，等. 中国新农村建设报告（2007）[M]. 北京：社会科学文献出版社，2008.

[11] 邱勇. 社会主义新农村建设的理论与实践[M]，昆明：云南人民出版社，2014.

[12] 焦国栋，廖富洲，张廷银. 建设社会主义新农村[M]. 郑州：河南人民出版社，2007.

[13] C.A.Doxiadis. Ekistics：An Introduction to the Science of Human Settlements[M]. London：Hutchinson，1968.

[14] 吴良镛. 人居环境科学导论[M]. 北京：中国建筑工业出版社，2001.

[15] 刘滨谊，毛巧丽. 人类聚居环境剖析——聚居社区元素演化研究[J]. 新建筑，1999，2：14-17.

[16] 赵培芳，李玉萍，姚晓磊. 新农村建设背景下农村人居环境问题研究[J]，山西农业大学学报（社会科学版），2015，8：782-786.

[17] 李伯华，曾菊新，胡娟. 乡村人居环境研究进展与展望[J]. 地理与地理信息科学，2008，24（5）：70-74.

[18] 唐铭，郭浩磊. 西部农村人居环境现状与可持续发展对策研究[J]. 环境与可持续发展，2009，6：58-60.

[19] 马倩如，程声通，等. 环境质量评价[M]. 北京：中国环境科学出版社，1990.

[20] 曲江文旅. 曲江新区人居环境评价研究[M]. 北京：中国经济出版社，2014.

[21] NUHT. Cities-engines of rural development[J]. Habitat Dehate，2004，10（3）：1-24.

[22] 李伯华，曾菊新，胡娟. 乡村人居环境研究进展与展望[J]. 地理与地理信息科学，2008（5）：74-78.

[23] Mayhew A. Rural settlement and farming in Germany[M]. London：Batsford，1973.

[24] Hansen M. Rural poverty and the urban crisis：a strategy for regional development[M]. Ind：Indiana University Press，1970.

[25] Thomas J. The rural transport problem[M]. London：Routledge and Kegan Paul，1963.

[26] Bunce M. Rural settlement in an urban world[M]. New York：St. Martins Press，1982.

[27] Griffin K. Institutional reform and economic development in the Chinese Countryside[M]. London：Macmillan，1984.

[28] Ohrling S. Rural change and spatial reorganization in srilanka：barriers against development of traditional Sinhalese local communities[M]. London：Curzon Press，1977.

[29] Wiley J. Rural sustainable development in America[J]. Regional studies association，1998，32（2）：199-207.

[30] 金其铭. 农村聚落地理[M]. 北京：科学出版社，1988.

[31] 陈兴中，周介铭. 中国乡村地理[M]. 成都：四川科学技术出版社，1989.

[32] 张泉，王晖，程浩东，等. 城乡统筹下的乡村重构[M]. 北京：中国建筑工业出版社，2005.

[33] 汤国安. 基于 GIS 的乡村聚落空间分布规律研究：以陕北榆林地区为例[J]. 经济地理，2000（5）：1-4.

[34] 王楠，郝晋珉，高阳，等. 曲周县盐碱地改良区农村聚落演变与驱动机制研究[J]. 中国土地科学，2018，32（1）：20-28.

[35] 闵婕. 三峡库区典型区域农村聚落空间演化研究[D].重庆：西南大学，2015.

[36] 薛东前，陈恪，贾金慧. 渭北旱塬乡村聚落演化的影响因素与空间重构——以黄陵县为例 [J]. 陕西师范大学学报（自然科学版），2019，47（4）：22-30.

[37] 程连生，冯文勇，蒋立宏. 太原盆地东南部农村聚落空心化机理分析[J]. 地理学报，2001，56（4）：437-446.

[38] 刘彦随，刘玉. 中国农村空心化问题研究的进展与展望[J]. 地理研究，2010，1：37-44.

[39] 陆林，凌善金，焦华富，等. 徽州古村落的演化过程及其机理[J]. 地理研究，2004，23（5）：686-694.

[40] 赵万民，杨光. 重庆古镇人居环境保护的综合质量评价研究[J]. 遗产与保护研究，2019，2：14-24.

[41] 王云才，刘滨谊. 论中国乡村景观及乡村景观规划[J]. 中国园林，2003，19（1）：55-58.

[42] 谢炳庚，曾晓妹，李晓青，等. 乡镇土地利用规划中农村居民点用地空间布局优化研究——以衡南县廖田镇为例[J]. 经济地理，2010，30（10）：1700-1705.

[43] 黄季焜，刘莹. 农村环境污染情况及影响因素分析——来自全国百村的实证分析[J]. 管理学报，2010，7（11）：1725.

[44] 苏杨，马宙宙. 我国农村现代化进程中的环境污染问题及对策研究[J]. 中国人口·资源与环境，2006，16（2）：12-18.

[45] 潘斌. 新经济背景下欠发达地区农村人居环境演化研究——以宿迁市泗洪县官塘村为例[J]. 小城镇建设，2019，37（3）：110-118.

[46] 翁伯奇，刘明香，应朝阳. 山区小康生态村建设模式与若干对策研究[J]. 农业系统科学与综合研究，2001（02）：73-76.

[47] 华永新. 生态村建设与可持续发展[J]. 可再生能源，2000，1：28，30.

[48] 吴汉红. 生态村建设的理论与实践探讨——以浙江省嘉善县为例[D]. 上海：华东师范大学，2007.

[49] 梁祝，倪晋仁. 农村生活污水处理技术与政策选择[J]. 中国地质大学学报（社会科学版），2007（3）：24-28.

[50] 仇保兴. 我国农村村庄整治的意义、误区与对策[J]. 城市发展研究，2006（1）：9-14，25.

[51] 周筱芳. 农村人居环境与新农村建设[J]. 小城镇建设，2006（12）：65-67，88.

[52] 胡伟，冯长春，陈春. 农村人居环境优化系统研究[J]. 城市发展研究，2006（6）：17-23.

[53] 余建辉，张文忠，王岱，谌丽. 基于居民视角的居住环境安全性研究进展[J]. 地理科学进展，2011，30（6）：699-705.

[54] GVRD. Livable region strategic plan[R]. Vancouver，Canada：CVRD.2002.

[55] Mcgranahan G，Balk D，Anderson B，et al. The rising tide：assessing the risks of climate change and human settlements in low elevation coastal zones[J]. Environment and Urbanization，2007，19（1）：17-37.

[56] Allen T F. Making livable sustainable systems unremarkable[J]. Systems Research and Behavioral Science，2010，27（5）：469-479.

[57] Robert Gillingham，William S. Reece. A new approach to quality of life measurement[J]. Urban Studies，1979，16：329-332.

[58] Ash Amin. The good city[J]. Urban Studies，2006，43（5/6）：1009-1023.

[59] Mishchuk H，Grishnova O，Shevchenko T，et al. Empirical study of the comfort of living and working environment - Ukraine and Europe：comparative assessment[J]. The Journal of international studies，

2015，8（1）：67-80.

[60] 李王鸣，叶信岳，孙于. 城市人居环境评价——以杭州城市为例[J]. 经济地理，1999，2：39-44.

[61] 李雪铭，姜斌，杨波. 城市人居环境可持续发展评价研究——以大连市为例[J]. 中国人口·资源与环境，2002，6：131-133.

[62] 魏忠庆. 城市人居环境评价模式研究与实践[D]. 重庆：重庆大学，2005.

[63] 李娜. 兰州城市人居环境可持续发展评价及预警研究[D]. 兰州：兰州大学，2006.

[64] 杨悦. 传统村落人居环境评价[D]. 石家庄：河北师范大学，2017.

[65] 周侃，蔺雪芹，申玉铭，等. 京郊新农村建设人居环境质量综合评价[J]. 地理科学进展，2011，30（3）：361-368.

[66] 杨兴柱，王群. 皖南旅游区乡村人居环境质量评价及影响分析[J]. 地理学报，2013，68（6）：851-867.

[67] 郝慧梅，任志远. 基于栅格数据的陕西省人居环境自然适宜性测评[J]. 地理学报，2009，64（4）：498-506.

[68] 杨雪，张文忠. 基于栅格的区域人居自然和人文环境质量综合评价——以京津冀地区为例[J]. 地理学报，2016，71（12）：2141-2154.

[69] 王夏晖，张惠远，王波，等. 农村环境保护：国内外的经验、做法与启示[J]. 环境保护，2009（6）：24-26.

[70] 云南农村干部学院. 农村环境保护与乡村旅游[M]. 昆明：云南人民出版社，2012.

[71] 鞠昌华，朱琳，朱洪标，等. 我国农村环境监管问题探析[J]. 生态与农村环境学报，2016，32（5）：857-862.

[72] 张厚美. 基层环保"弱"在何处？[J]. 环境保护，2009，15：17-18.

[73] 朱国华. 我国环境治理中的政府环境责任研究[D]. 南昌：南昌大学，2016.

[74] 蒋和清. 农村环境污染监管的政府法律责任研究[D]. 长沙：湖南大学，2010.

[75] 杨远超. 我国农村环境监管法律问题研究[D]. 重庆：重庆大学，2010.

[76] Niccolucci V.，Pulselli F.M.，Tiezzi E.. Strengthening the threshold hypothesis：Economic and biophysical limits to growth[J]. Ecological Economics，2007，60（4）：667-672.

[77] Daly H.E.. A further entique of growth economics[J]. Ecological Economics，2013，88：20-24.

[78] Carson R.. 寂静的春天[M]. 吕瑞兰，李长生，译. 上海：上海译文出版社，2008.

[79] TennisL.Meadows. 增长的极限[M]. 长春：吉林人民出版社，1997.

[80] 世界环境与发展委员会. 我们共同的未来[M]. 长春：吉林人民出版社，1997.

[81] 王惠炯，甘师俊，李善同. 可持续发展与经济结构[M]. 北京：科学出版社，1999.

[82] 张坤民. 可持续发展论[M].北京：中国环境科学出版社，1997.

[83] 李王鸣，叶信岳，祁巍锋. 中外人居环境理论与实践发展述评[J].浙江大学学报（理学版），2000，

27（2）：205-211.

[84] 方铭，许振成，董家华. 我国人居环境研究述评[J]. 三峡环境与生态，2009，2（5）：45-48.

[85] 傅礼铭. 钱学森山水城市思想及其研究[J]. 西安交通大学学报（社会科学版），2005（3）：65-75.

[86] 刘培哲. 《中国 21 世纪议程》与可持续发展[J]. 中国科技论坛，1996，1：5-7，12.

[87] 王如松. 系统化、自然化、经济化、人性化——城市人居环境规划的生态转型[J]. 城市环境与城市生态，2001，3：1-5.

[88] 宁越敏、查志强. 大都市人居环境评价与优化研究——以上海市为例[J]. 城市规划，1999，6：15-20.

[89] 赵万民. 山地人居环境科学研究引论[J]. 西部人居环境学刊，2013（3）：10-19.

[90] 刘滨谊. 三元论——人类聚居环境学的哲学基础[J]. 规划师，1999（2）：81-84，124.

[91] 刘滨谊，吴珂，温全平. 人类聚居环境学理论为指导的城郊景观生态整治规划探析——以滹沱河石家庄市区段生态整治规划为例[J]. 中国园林，2003（2）：31-34，82.

[92] 吴良镛. 人居环境科学的探索[J]. 规划师，2001（6）：5-8.

[93] 吴良镛. "人居二"与人居环境科学[J]. 城市规划，1997（3）：4-9.

[94] 吴良镛. 芒福德的学术思想及其对人居环境学建设的启示[J]. 城市规划，1996（1）：35-41，48.

[95] 陆大道，郭来喜. 地理的研究核心：人地关系地域系统——论吴传钧院士的地理思想与学术贡献[J]. 地理学报，1998，53（2）：97-105.

[96] 乔家君. 区域人地关系定量研究[J]. 人文地理，2005，1：81-85.

[97] 吴传钧. 论地理学的研究核心——人地关系地域系统[J]. 经济地理，1991（3）：7-12.

[98] 杨君，郝晋珉，匡远配，等. 基于和谐思想的人地关系研究述评[J]. 生态经济，2010（1）：188-192.

[99] 蔡运龙. 人地关系思想的演变[J]. 自然辩证法研究，1989，5（5）：48-53.

[100] 冯德显. 豫北山地平原过渡区人地关系特征与 PRED 调控模式研究[D]. 北京：中国科学院地理科学与资源研究所，2003.

[101] 朱国宏. 人地关系论——中国人口与土地关系问题系统研究[M]. 上海：复旦大学出版社，1996.

[102] 李振泉. 人地关系论[M]. 北京：中国大百科全书出版社，1984.

[103] 边雷，张焕祯，董常青，赵静. 可持续发展评价指标体系研究现状与展望[J]. 河北工业科技，2006（6）：385-388.

[104] 麦少芝，徐颂军，潘颖君. PSR 模型在湿地生态系统健康评价中的应用[J]. 热带地理，2005，25（14）：317-321.

[105] 仝川. 环境指标研究进展与分析[J]. 环境科学研究，2000，13（4）：53-55.

[106] 肖佳媚. 基于 PSR 模型的南麂岛生态系统评价研究[D]. 厦门：厦门大学，2007.

[107] 王丽. 基于 PSR 框架的农用地质量指标体系的建立及应用——以北京市平谷区为例[D]. 北京：中国农业大学，2006.

[108] 周炳中，杨浩，包浩生. PSR 模型及在土地可持续利用评价中的应用[J]. 自然资源学报，2002，17（5）：541-548.

[109] 詹海斌，吴群. 基于 PSR 模型的城市土地集约利用空间差异分析——以江苏省为例[J]. 农业系统科学与综合研究（4）：396-400.

[110] 蒋卫国，李京，李加洪，谢志仁，王文杰. 辽河三角洲湿地生态系统健康评价. 生态学报，2005，25（3）：408-414.

[111] 李茜，任志远. 区域土地生态环境安全评价——以宁夏回族自治区为例[J]. 干旱区资源与环境，2007（5）：75-79.

[112] 孙勤芳，赵克强，朱琳，等. 农村环境质量综合评估指标体系研究[J]. 生态与农村环境学报，2015，31（1）：39-45.

[113] 颜利，王金坑，黄浩. 基于 PSR 框架模型的东溪流域生态系统健康评价[J]. 资源科学，2008，30（1）：107-113.

[114] 贾生元. 试论农村生态系统[J]. 鹤城环境，1993，17（4）：1-2，21.

[115] 国务院办公厅. 国务院办公厅转发环保总局等部门关于加强农村环境保护工作意见的通知. [EB/OL]. 2007-11-13. http://www. gov. cn/zhuanti/2015-06/13/content_2879029. htm.

[116] 郭建，胡俊苗. 农村环境污染防治[M]. 保定：河北大学出版社，2013.

[117] 生态环境部. 2012 年农村环境保护. [EB/OL]. 2013-06-05. http://www. mee. gov. cn/hjzl/hjzlqt/trhj/201605/t20160526_347131. shtml.

[118] 丁铭，李旭文，司蔚，等. "十二五"期间江苏省农村环境试点监测结果浅析[J]. 环境监控与预警，2018，10（4）：52-55.

[119] 黎宁，蒋越华，秦旭芝，等. 广西农村环境空气质量状况分析[J]. 农业研究与应用，2015，4：57-61.

[120] 程慧波，王乃昂，李晓红. 基于甘肃省 73 个村庄的农村环境质量评价研究[J]. 甘肃农业大学学报，2015，12（6）：112-118.

[121] 石祖梁，王飞，王久臣，等. 我国农作物秸秆资源利用特征、技术模式及发展建议[J]. 中国农业科技导报，2019，21（5）：8-16.

[122] 生态环境部. 2019 年中国生态环境状况公报. [EB/OL]. https://www. mee. gov. cn/hjzl/sthjzk/zghjzkgb/202006/P020200602509464172096. pdf.

[123] 环境保护部环境与经济政策研究中心. 农村环境保护与生态文明建设[M]. 北京：中国环境出版社，2017.

[124] 生态环境部. 2019 年全国地表水、环境空气质量状况. [EB/OL]. http://www. mee. gov. cn/hjzl/shj/qgdbszlzk.

[125] 赵军. 农村环境污染治理技术及应用[M]. 北京：中国环境科学出版社，2012.

[126] 生态环境部. 2014 年中国生态环境状况公报. [EB/OL]. https://www. mee. gov. cn/hjzl/sthjzk/
zghjzkgb/201605/P020160526564730573906. pdf.

[127] 中国环境监测总站. 基于村庄分类的农村环境监测技术研究[M]. 北京：中国环境出版集团, 2018.

[128] 生态环境部. 自然生态环境. [EB/OL]. 2015-06-08. http://jcs. mee. gov. cn/hjzl/zkgb/2014zkgb/201506/
t20150608_303136. shtml.

[129] 吴二社，张松林，刘焕萍，等. 农村畜禽养殖与土壤重金属污染[J]. 中国农学通报, 2011, 27（3）：
285-288.

[130] 辛磊，王静，许慧，等. 畜禽养殖的环境危害及防治措施. 绿色科技, 2019, 5（10）：189-190.

[131] 鞠昌华，朱琳，朱洪标，等. 我国农村生活垃圾处置存在的问题及对策[J]. 安全与环境工程, 2015
（4）：99-103.

[132] 宋欢. 广东农村生活环境分析及对策研究 [J]. 广东农业科学, 2013（8）：161-164.

[133] 高栋，潘振华，张艳美，等. 农村生活垃圾问题调查与对策[J]. 环境卫生工程, 2013, 21（2）：
11-12.